安全你我他

安全行为指引系列

全能型供电所
安全工作一本通

本书编委会　编

中国电力出版社

CHINA ELECTRIC POWER PRESS

内 容 简 介

本书以全能型乡镇供电所建设为载体，把提升供电所安全管理水平作为根本出发点和落脚点，从安全履责、例行工作、风险管控、安全工器具管理、应急管理、安全奖惩等多个方面对供电所安全工作进行了系统阐述。本书编制了大量实用的表格和模板，规范了供电所安全工作职责、流程、记录，明确了供电所安全管控重点和安全工作标准，构建了上下贯通、运转高效、管控有力的供电所安全管理体系，实现了制度化、规范化、流程化的供电所安全管理目标，提升了供电所安全管控能力和安全工作标准化水平。本书可供供电所工作人员及各级安全管理人员参考使用。

图书在版编目（CIP）数据

全能型供电所安全工作一本通 /《全能型供电所安全工作一本通》编委会编 . —北京：中国电力出版社，2021.5（2021.7重印）

　　ISBN　978-7-5198-3745-7

　　Ⅰ. ①全… 　Ⅱ. ①全… 　Ⅲ. ①供电－工业企业管理－安全管理－中国

Ⅳ. ① F426.61

中国版本图书馆 CIP 数据核字（2019）第 215747 号

出版发行：中国电力出版社
地　　址：北京市东城区北京站西街 19 号（邮政编码 100005）
网　　址：http://www.cepp.sgcc.com.cn
责任编辑：唐　玲　王冠一
责任校对：黄　蓓　郝军燕
装帧设计：赵丽媛
责任印制：钱兴根

印　　刷：三河市航远印刷有限公司
版　　次：2021 年 5 月第一版
印　　次：2021 年 7 月北京第二次印刷
开　　本：880 毫米 ×1230 毫米 32 开本
印　　张：5.5
字　　数：124 千字
定　　价：30.00 元

编委会

主　　任：彭天海　刘华锋

副 主 任：何朝阳　王　剑

委　　员：魏鹏飞　马敬伟　李伯康　宁世全　黎　明

编写组

主　　编：孙　勇

副 主 编：何　奎

编写人员：刘大伟　许　凯　温晓松　金明明　胡　光

　　　　　庞文杰　陆　征　张　波　邓彦冬　万　焰

　　　　　亢雪莲　刘熙华　余　琼　钱华斌

前　言

习近平总书记强调，人命关天，发展决不能以牺牲人的生命为代价。这必须作为一条不可逾越的红线。国家电网有限公司指出，供电所是供电公司最基层的管理组织，是安全生产的一线阵地和窗口。如何在供电所明确安全职责、落实安全职责，直接关系到企业安全生产和稳定发展。

《全能型供电所安全工作一本通》以《国家电网公司关于印发＜国家电网公司安全工作规定＞的通知》（国家电网企管〔2014〕1117号）、《国家电网公司关于印发生产作业安全管控标准化工作规范（试行）的通知》（国家电网安质〔2016〕356号）、《国家电网公司关于印发＜国家电网公司安全隐患排查治理管理办法＞等7项通用制度的通知》（国家电网企管〔2014〕1467号）等有关文件为依据，涵盖了供电所安全管理多方面的内容，规范了供电所安全工作职责、流程、记录，明确了供电所安全管控重点和安全工作标准，解决了供电所安全工作"怎么干"的问题，实现了制度化、规范化、流程化的供电所安全管理目标，提升了供电所安全管控能力和安全工作标准化水平。

本书配有大量表格、模板，较为直观地指导供电所安全管理工作开展。本书可作为供电所主任、班长、安全员、技术员等基层管理人员开展安全工作的辅助工具和参考资料，也可作为供电所新员工的安全培训用书。

编　者
2021年1月

目　录

第二章 例行工作

第三章 风险管控

第四章　　安全工器具管理

第五章　应急管理

第六章　安全奖惩

第七章   工作负责人管理

第八章   "两票一单"样例

第一章 安全履责

本章以安全责任清单为依据，主要介绍了供电所安全目标、员工安全责任书模板、供电所各级员工的安全职责、到岗到位的标准职责流程有关要求等内容，旨在健全供电所全员安全责任，强化全员知责履责，提高安全意识，实现全年安全目标。

第一节 供电所安全目标及员工安全责任书

一、典型安全目标

1. 不发生七级及以上人身、电网、设备事件；

2. 不发生火警事件；

3. 不发生八级及以上信息系统事件；

4. 不发生责任性八级及以上质量事件；

5. 不发生一般电气误操作或继电保护"三误"事件；

6. 不发生本班组负同等及以上责任的一般交通事故；

7. 不发生责任性重要客户用电安全事件；

8. 不发生负主要责任的涉外人身触电伤害事件；

9. 不发生其他对公司和社会造成重大影响的事故（事件）；

10. 不发生突发事件、安全事件迟报、漏报、瞒报情况。

二、典型员工安全责任书

员工安全责任书

为强化员工的安全意识和责任意识，促进员工落实安全责任，确保实现供电所年度安全目标，特签订本安全责任书。

1. 严格执行安全工作规程和各项安全规章制度，在工作中认真履行岗位安全职责和工作职责，不发生各类违章行为，不发生责任性八级及以上人身、电网、设备事件，不发生一般电气误操作或继电保护"三误"事件，不发生信息系统违规外联事件；

2. 积极参加安全教育培训和周安全日活动，不断提升自身安全意识和安全技能，熟练掌握紧急救护法，特别是触电急救；

3. 严格遵守《中华人民共和国道路交通安全法》，杜绝酒后驾车、无证驾车等违法驾驶行为，不发生责任性火警事件、交通事故；

4. 熟练掌握安全工器具、劳动防护用品、消防器材的使用方法；

5. 不发生其他对公司和社会造成重大影响的事件。

责任期限：××年1月1日至××年12月31日

供电所主任签字：　　　　　　员工签字：

（盖章）

第二节　供电所岗位安全职责

一、供电所安全网络图

根据供电所人员和班组设置，编制供电所安全网络图（图1-1）。

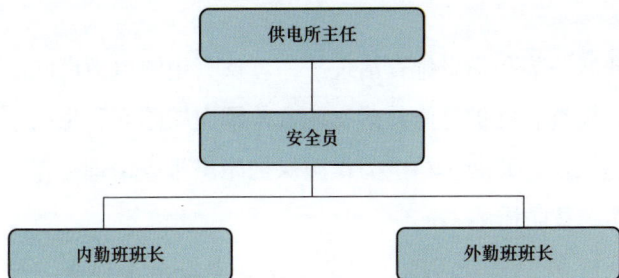

图 1-1　供电所安全网络图

二、供电所主任的安全责任

1. 全面负责供电所安全管理。供电所主任是安全第一责任人，对本供电所的安全生产负直接领导责任；对本供电所人员在生产中的安全和健康负责；对所辖设备（设施）的安全运行负责。

2. 组织制定供电所安全目标、计划，落实年度安全生产工作意见，编制年度反事故措施计划和安全技术劳动保护措施计划，负责本所安全责任清单的落实执行，督促检查班组范围内各岗位安全责任清单的落实情况。

3. 认真开展安全思想教育和安全培训考试。组织编制安全教育培训计划并组织实施，协助做好岗位安全技术培训以及新入职人员、调换岗位人员的安全培训考试，组织每周"安全日"活动和其他专项学习；组织针对性的现场培训活动，开展安全规章制度、规程规范考试；组织参加紧急救护法的培训，做到全员正确掌握救护方法；组织开展安全培训档案管理工作，核查本供电所人员的电工、高处作业等资格取证情况。

4. 严格管控现场作业安全。强化作业计划管理，严格落实现场勘察制度，全面加强工程安全管理，加强作业安全组织措施和技术措施管理，严格执行工作监护制度，积极创建标准化安全作业现场。

5.开展缺陷和隐患排查治理工作。认真组织电力设施的安装验收、巡视检查和维护检修,落实职责范围内缺陷和隐患的上报、管控和治理工作,开展所辖电力设施保护隐患排查治理工作,落实人防、物防、技防措施。

6.认真组织安全活动。定期组织开展安全大检查、专项安全检查,根据存在问题制定整改措施计划,并组织整改,开展辖区内安全用电检查和安全用电、依法用电知识的宣传,加强违章自查自纠,对违章行为进行分析,对违章人员进行教育,制定并落实防范措施。

7.严格管理安全工器具。定期组织开展安全工器具及劳动防护用品检查,做到台账、定置卡、实物三相符,领用记录、工作票、台账三关联;开展供电所的安全工器具培训,组织做好安全工器具日常维护、保养及送检工作。

8.做好应急管理工作。组织各种应急预案、现场处置方案的编制和演练,落实保障重要客户、场所可靠供电的措施,做好故障抢修安全管理。

9.及时报送事故(事件)。严格执行电力安全事故(事件)报告制度,及时汇报安全事故(事件),保证汇报内容准确、完整,做好事故现场保护,配合开展事故调查工作。落实事故(事件)防范措施,协助做好事故(事件)善后工作。

三、供电所安全员的安全责任

1.落实安全责任、目标、计划。落实年度安全生产工作意见,编制年度反事故措施计划和安全技术劳动保护措施计划并组织实施。

2.开展安全培训。编制安全教育培训计划并组织实施,协助做好岗位安全技术培训以及新入职人员、调换岗位人员的安全培训考试，协助组织每周"安全日"活动和其他专项安全活动，组织针对性的现场培训活动，协助开展安全规章制度、规程规范考试；负责紧急救护法的培训，做到全员正确掌握救护方法，负责安全培训档案管理工作，核查本供电所人员的电工、高处作业等资格取证情况。

3. 管控作业现场安全。强化作业计划管理，合理安排工作任务。严格落实现场勘察制度，规范编制现场作业文本。全面加强工程安全管理，组织落实作业项目的安全技术措施，严格执行工作监护制度。

4. 开展缺陷和隐患排查治理工作。负责缺陷和隐患的上报、管控和治理工作，通报隐患排查治理工作情况，开展电力设施保护隐患排查治理工作，落实人防、物防、技防措施。

5. 开展安全检查和反违章工作。组织开展安全大检查、专项安全检查，协助开展安全设施设备、消防器材及劳动保护用品等检查，做好用电知识的宣传。协助开展违章自查自纠，及时制止各类违章现象。

6. 管理安全工器具。负责本所安全工器具的保管、定期校验，确保安全防护用品及安全工器具处于完好状态。组织开展安全设施和设备（如安全工器具、安全警示标志牌、剩余电流动作保护器等）、作业工器具、消防器材等的安全检查，并做好记录。

7. 开展应急管理工作。参与各种应急预案、现场处置方案的编制和演练，协助落实保障重要客户、场所可靠供电的措施，做好故障抢修安全管理，管控故障抢修安全。

8. 及时报送事故（事件）。严格执行电力安全事故（事件）报告制度，及时汇报安全事故（事件），配合开展事故调查工作。落实事故（事件）防范措施，协助做好事故（事件）善后工作。

四、供电所员工的安全工作责任

1.认真学习安全知识。对自己的安全负责，认真学习安全生产知识，提高安全生产意识，增强自我保护能力；接受相应的安全生产教育和岗位技能培训，掌握必要的专业安全知识和操作技能；积极开展设备改造和技术创新，不断改善作业环境和劳动条件。

2.严格遵守安全规章制度、操作规程和劳动纪律。服从管理，坚守岗位。熟悉工作内容、工作流程、作业环境，掌握安全措施，明确工作中的危险点，履行工作安全责任，互相关心工作安全，及时纠正违章行为，做到"四不伤害"。

3.正确应用安全工器具。保证工作场所、设备（设施）、工器具的安全整洁，不随意拆除安全防护装置，正确操作机械和设备，正确佩戴和使用劳动防护用品。

4.拒绝违章指挥和强令冒险作业。发现异常情况及时处理和报告，发现直接危及人身、电网和设备安全的紧急情况时，有权停止作业或在采取可能的紧急措施后撤离作业场所，并立即报告。

5.积极参加各项安全生产活动和安全培训。

五、供电所工作负责人的安全工作责任

1.正确组织工作。

2.检查工作票所列安全措施是否正确完备，是否符合现场实际条件，必要时予以补充完善。

3.工作前，对工作班成员进行工作任务、安全措施交底和危险点告知，并确认每个工作班成员都已签名。

4.组织执行工作票所列由其负责的安全措施。

5.监督工作班成员遵守本规程、正确使用劳动防护用品和安全工器具以及执行现场安全措施。

6.关注工作班成员身体状况和精神状态是否出现异常迹象，人员变动是否合适。

六、供电所工作许可人的安全工作责任

1.审票时，确认工作票所列安全措施是否正确完备，对工作票所列内容产生疑问时，应向工作票签发人询问清楚，必要时予以补充。

2.保证由其负责的停、送电和许可工作的命令正确。

3.确认由其负责的安全措施正确实施。

七、供电所工作票签发人的安全工作责任

1.确认工作必要性和安全性。

2.确认工作票上所列安全措施正确完备。

3.确认所派工作负责人和工作班成员适当、充足。

第三节 到岗到位

一、到岗到位标准

供电所到岗到位标准（见表1-1）。

表1-1 供电所到岗到位标准

序号	工作任务	作业风险等级	到岗到位人员
1	10（20）kV跨越铁路、高速公路、交通要道、电力线路或邻近带电线路组立(拆除)杆塔、架设（拆除）导地线、光缆等作业	四级	供电所主任
2	新装（更换）箱式变电站开闭所、环网单元、电缆分支箱等设备作业	三级	供电所主任

续表

序号	工作任务	作业风险等级	到岗到位人员
3	10（20）kV 配电线路电杆组立（拆除）、导线架设、电缆敷设作业	二级	供电所主任或相关管理人员
4	新装（更换）变压器、柱上断路器（开关）等设备作业	二级	供电所主任或相关管理人员
5	0.4kV 及以上配电线路和设备检修作业	二级	供电所主任或相关管理人员

二、到岗到位职责

到岗到位人员应按照"谁主管谁负责、管业务必须管安全"的原则，切实履行到岗到位要求，深入现场一线，掌握安全生产实情，解决安全生产问题，督导检查工作组织、作业秩序、安全措施、风险管控等工作开展情况，严肃查处违章现象，防范安全生产风险。供电所管理人员包括供电所主任、安全员、班组长等。

供电所管理人员到岗到位职责如下：

1. 检查现场安全措施落实情况，检查工作票和操作票正确性，组织措施、技术措施和安全措施完备性，作业内容和安全生产风险管控平台发布的作业计划一致性。

2. 检查班组承载力、许可开工、安全交底等关键环节工作开展情况。检查班组成员现场作业任务、程序、危险点、安全措施情况，人员、措施、设备、监督到位落实情况。

3. 检查作业机械机具、安全工器具正确使用情况。

4.制止违章作业，整改存在的问题。

三、到岗到位流程

1.在编制月、周、日生产计划时，应结合计划工作所涉及的风险性质，同步制定到岗到位计划。

2.到岗到位计划中应明确到岗到位人员，每月底、每周末，随同月、周作业计划上传至安全生产风险管控平台；新增日作业计划时，也应按要求明确到岗到位人员并录入系统。

四、到岗到位要求

1.到岗人员应根据实际情况，采取计划和"四不两直"督导检查等形式进行。对作业任务进行全过程或作业过程中的关键时段、重要环节开展到岗到位督导检查。

2.周生产计划上明确的到岗人员不得随意变更。如因特殊原因，应到岗人员不能正常履责时，需委托具备相同及以上级别的人员接替，由工作负责人在安全风险管控平台"已开工"的作业计划同步变更到岗人员，接替人员应履行好相应安全职责。

五、到岗到位记录形式

1.管理人员对作业现场到岗履责时，应将到岗到位的照片，以及检查情况等资料上传至安全生产风险管控平台，作为到岗履责的痕迹记录。

2.还可使用领导干部和管理人员到岗到位登记簿纸质记录（见表1–2）。若到岗到位履责情况已在安全生产风险管控平台记录，则无须填写纸质记录。

表1-2　领导干部和管理人员到岗到位登记簿

年　　月　　日

到岗到位地点				
工作主要内容				
领导干部及管理人员到位情况	姓　名	职　务	单　位	到位时间
发现安全问题及整改要求				
整改落实情况				

第二章 例行工作

本章主要介绍了供电所安全例行工作的相关要求，包括"安全日"活动、安全检查、安全技术劳动保护措施、安全教育培训及故障报修安全管理等内容。

第一节 "安全日"活动

一、活动主要内容

1. 上级安全工作意见、各级领导关于安全工作的重要讲话、安全工作报告、安委会、安全分析会纪要；

2. 上级下发的安全事故（事件）通报、安全监管工作通报、安全检查通报；

3. 安全生产法、安全工作规定、安全职责规范、安全奖惩规定、电力安全工作规程、"两票"细则、作业流程等有关安全生产的法律、法规、规章和制度；

4. 标准化作业指导书、安全风险辨识与预控措施、安全警示教育片、安全事故图片、安全口袋书；

5. 安全防护技能、安全技术问答、安全工器具使用方法、应急预案及现场应急处置卡；

6. 供电所月度安全工作总结、分析、评价与考核。

二、活动主要形式

1. 集中学习安全文件；

2. 观看安全教育影像资料；

3. 开展安全知识、安全技能、安全规程、"两票"等方面的培训与考试；

4. 剖析讲解事故、事件、违章等案例；

5. 分析生产作业中的危险点，研究制定安全组织措施、技术措施与现场安全措施等。

三、活动相关要求

1. 对于上级安全工作意见、安全工作报告、领导关于安全工作的重要讲话、本单位下发（转发）的安全事故（事件）通报、安全检查通报、安全监管工作通报、安全处罚决定等，均应在"安全日"活动中集中学习，学习开展时间不能滞后半个月以上；

2. 供电所"安全日"活动每周至少开展一次，每次学习、交流时间不少于 2 小时；

3. 供电所"安全日"活动原则上要求供电所每位成员都应参加，确因工作及其他事由不能参加的，供电所主任或安全员事后应及时组织补学并签名；

4. 供电所主任应按月总结安全工作情况，针对发生的违章情况，开展全员安全讨论和反思，制定相应的防范措施，安排部署下一步安全生产工作。

四、活动记录

1. 供电所"安全日"活动记录应采用专门的记录本，记录本封面应标明年份和供电所名称。每个供电所每年可以使用一本或多本记录本，学习记录本至少应保存一年，以备检查。

2. 供电所"安全日"活动记录必须实事求是，严禁弄虚作假。

每次活动必须在记录本中手写文字记录，活动图片和视频等可以采用电子方式保存。每次活动应在记录本中注明活动（会议）名称、主持人、记录人、参加人员、缺席人员，记录学习文件资料简称和核心内容（不需要全部照抄）、交流发言和安全工作建议等。

3.供电所安全日活动记录（见表2-1）应按时间顺序，从前到后记录，前后两次活动记录之间的空白页不能超过两页。

表2-1　供电所安全日活动记录

主持人：	年　月　日　时　分开始至　日　时　分结束	
参加人员：		
应到人数：	缺席人员：	
实到人数：		
活动主题：		
内容分解：		

续表

发现问题及拟采取的措施：
缺席人员补学确认签字：

班组负责人：　　　　　　　　　　　　　　　记录人：

第二节　安全生产月度例会

一、主要内容

1.传达国家、行业、上级有关安全生产法律、法规、标准、规章制度和重要安全会议精神，宣传贯彻落实。

2.分析本所安全生产存在的突出风险和问题。

3.检查本所安全生产重要规章制度的执行情况。

4.制定本所安全隐患整改措施。

5.通报、考核本所安全履责情况。

6.通报安全指标完成情况。包含但不限于对标指标、安全工作评价、安全生产风险管控、积分制考核、标准化安全作业现场创建等。

二、相关要求

安全生产月度例会可与其他月度例会、周例会合并召开。会议由供电所主任（安全第一责任人）组织并主持召开，全员参加。

三、例会记录

供电所安全生产月度例会记录（见表2-2）应每月顺序记录，前后两次活动记录之间的空白页不能超过两页。

表2-2　供电所安全生产月度例会记录

会议时间		主持人	
会议地点		记录人	
参加人员			
缺席人员			
会议记录：			
缺席人员补学确认签字：			

第三节　安全检查

一、安全检查的类型

安全检查按检查内容可分为季节性安全检查、专业性安全检查和即时性安全检查，按检查方式又可分为定期安全检查、不定期安全检查。

1. 季节性安全检查。季节性安全检查一般以春、秋季安全检查为主。根据上级制定的检查大纲，结合本所安全工作实际制定检查方案，检查内容应涵盖供电所安全生产各个方面。其他季节性检查一般针对季节气候特点、用电负荷变化等情况，如防汛抗旱、迎峰度夏（冬）期间的检查等。

2. 专业性安全检查。专业性安全检查是针对某个专业或特殊要求进行的检查。例如：电气火灾隐患排查、交通安全检查、用户安全隐患排查、设备隐患排查等。

3.即时性安全检查。即时性安全检查是根据安全生产形势或按照上级指示要求进行的非例行安全检查。例如：发生人身、设备事故后，进行的针对性安全检查。

二、安全管理资料目录

供电所安全管理要建立资料档案（见表2-3），实行痕迹化管理，做到资料规范化、可视化、标准化。

表2-3　供电所安全管理资料档案

资料目录	资料名称
01 安全生产责任制	（1）供电所人员岗位安全职责
	（2）与公司签订的安全生产目标责任书
	（3）与员工签订的安全责任书
	（4）"三种人"文件
02 安全教育培训	（1）年度安全教育培训计划
	（2）月度安全教育培训课件、影像资料、签到表
	（3）员工安全教育培训档案
	（4）全员安全考试情况及明细表（含纸质安全考试试卷）
03 安全活动	（1）班组安全日活动记录
	（2）其他安全活动记录、学习资料
04 "两措"管理	（1）公司"两措"文件
	（2）"两措"完成情况

续表

资料目录	资料名称
05 应急管理	（1）现场应急处置卡汇编
	（2）应急演练计划、记录
06 安全工器具	（1）安全工器具台账
	（2）安全工器具试验报告
	（3）安全工器具领用记录
	（4）安全工器具日常维护记录
07 安全检查	（1）上级安全检查文件、方案
	（2）工作小结及问题整改计划
	（3）安全隐患记录
08 "两票"管理	（1）月度汇总统计及分析评价
	（2）"三种人""两票"办理情况汇总表
09 消防及交通管理	（1）消防设施台账及定置图
	（2）消防设施检查、维护记录
	（3）车辆维修检查、保养记录
10 电力设施保护	（1）乡镇电力设施保护领导小组文件
	（2）电力设施保护工作会议资料
	（3）电力设施保护、安全用电宣传资料
	（4）警示牌、标识牌安装，检查台账

三、安全检查的主要内容

在供电所安全检查中，重点突出安全管理的基本要求，编制了供电所安全管理检查指导卡（见表2-4）。

表2-4　供电所安全管理检查指导卡

供电所名称：

序号	检查项目	检查内容	评价情况	备注
1	人员管理	（1）核心人员配备情况，供电所是否配备生产副所长，统计"三种人"、登高作业人员数量； （2）全日制管理，供电所员工应集中管理，考勤记录齐全，工作人员外出需持票（单）； （3）积分制考核情况，是否设置岗位积分库，将个人工作成绩转化为积分，以积分兑薪酬，每月对员工积分情况进行公示，并按考核要求进行绩效兑现； （4）人员取证情况，外勤作业人员需持有电工证，登高人员需持有登高证，证件需在有效期内	□ □ □ □	
2	安全责任制	（5）供电所各类人员岗位安全职责，各类员工了解安全责任清单中对应岗位的安全职责； （6）供电所与公司安全生产目标责任状、所长与员工安全责任书、不干私活承诺书签订情况，按要求全覆盖签订并存档； （7）供电所主任、副主任安全履责情况，统计当年履责记录、到岗到位记录、风控平台稽查单记录次数	□ □ □	
3	安全活动	（8）"安全日"活动开展情况，按周开展，学习内容充实、记录齐全，全员参与，有参与人员发言，有主持人总结，缺席补学有记录； （9）专项安全活动开展情况，各专项安全日开展情况，按照要求开展，记录齐全； （10）春、秋检等安全检查情况，有安全检查文件，检查记录完整，有安全检查工作小结及问题整改计划，隐患、缺陷管理闭环； （11）包保领导履责情况，供电所包保领导每月至少一次深入包保供电所监督检查，参加"安全日"活动并留存记录，统计专业管理部门到供电所检查指导次数	□ □ □ □	

续表

序号	检查项目	检查内容	评价情况	备注
4	安全教育培训	（12）年度安全教育计划，按县公司年度安全教育计划分解编制供电所年度安全教育计划并按计划实施；	☐	
		（13）安全教育培训资料，安全教育培训课件、签到表（试卷）、培训新闻、照片等资料完整；	☐	
		（14）安规考试情况，供电所安规考试按要求每年至少一次，且试卷批改和成绩汇总记录完整	☐	
5	"两票一单"管理	（15）"三种人"情况，"三种人"是否经考试合格，并经正式文件发布，文件与工作票、操作票上人员签名应相符，是否存在有不符合"三种人"资格的人员从事相关作业；	☐	
		（16）"两票一单"月度评价情况，月度汇总统计及分析评价、考核意见内容完整，应用红笔进行批改并签名，不合格票应盖不合格章，派工单（含电子派工单）应逐月装订存档评价；	☐	
		（17）"两票"使用情况，检查"两票"填写质量，票种办理错误等情况，倒闸操作应有指令票或口头令记录，并与操作票对应存档保存	☐	
6	作业计划管理	（18）"两票"与风控系统对应情况，核查系统内计划与存档工作票（派工单）是否对应，有无线下作业现象；	☐	
		（19）无票作业检查，运用用电采集信息、95598、PMS、营销系统，查询配变及客户停电、报修、抢修、缺陷处理、装表接电等信息，对照供电所已办理的工作票，逐一核对是否按规定办票；	☐	
		（20）工作许可、备案管理，外来施工单位工作票签发、许可符合规定，供服平台的工作许可、备案记录完备；	☐	
		（21）作业计划管理是否规范，计划作业、故障抢修、装表接电等作业是否由供电所统一安排，并在作业安全风险管控系统中及时发布，计划内容是否准确完整，客户报修等临时性工作是否在24小时值班记录（或供服平台记录）上登记	☐	

续表

序号	检查项目	检查内容	评价情况	备注
7	工器具、库房管理	（22）台账、实物、定置卡三相符，所有工器具（包括个人防护用品）集中存放管理，严禁个人保管，并确保账、卡、物三相符；	☐	
		（23）领用记录、工作票、台账三关联，执行安全工器具凭工作票或派工单领用、登记制度，并确保工作票或派工单、领用记录、工器具台账三关联；	☐	
		（24）供服平台记录与工作票（单）、安全工器具领用记录、施工机具领用记录、表计领用记录、备品备件领用记录、派车记录等关联一致性；	☐	
		（25）安全工器具试验报告齐全、标签完整、日常维护记录完备；	☐	
		（26）库房配置标准化情况，是否设置库房管理员，库房面积、存放条件、定置摆放、消防器材满足要求，标识标签齐全，管理制度上墙	☐	
8	配网故障报修（抢修）管理	（27）工作机制建立情况，是否有配网故障报修（抢修）业务工作规范或实施细则，明确报修（抢修）的配电线路停电操作、许可相关要求，以及表计领用、发放等管理规定；	☐	
		（28）工作流程制订情况，是否结合本单位工作实际，制订流程图，明确配电线路停电操作、许可流程，以及表计领用、发放等流程；	☐	
		（29）工作流程执行情况，是否严格按照配网故障报修（抢修）工作流程执行，操作运行设备是否由公司运维人员操作，是否存在由外委单位擅自操作的情况；	☐	
		（30）有抢修外委的是否签订外委协议，是否明确工作职责、安全责任等，是否签订安全协议，外委单位是否制订报修（抢修）工作流程	☐	

检查人员：　　　　　　　　　　　　检查时间：　　　年　　月　　日

四、安全检查工作总结范本

×× 供电所 ×× 安全检查工作总结（模板）

（×× 年 ×× 月）

总结材料要求文字精练、言简意赅、数据翔实

一、安全检查工作开展情况

开展情况介绍……

二、存在的主要问题和隐患

（一）…………

（二）…………

（三）…………

三、整改措施和建议

（一）…………

（二）…………

（三）…………

四、下阶段安全工作

（一）…………

（二）…………

（三）…………

第四节　安全技术劳动保护措施

一、计划管理

安全技术劳动保护措施计划应包括：员工安全教育培训和安全工作规程的考核、考试；修改完善现场安全操作规程和标准化作业程序；改进完善现场安全保护设施、照明和生产工作环境；在电气设备上，生产区域内设置的安全标志、标牌和防护设备；补充更新安全工器具、应急救援装备、劳动防护用品等项目和所需要费用；

购置安全劳动保护书籍、规程、宣传品、录像带光盘等。

二、工作要求

1.供电所安全员负责本所安全技术劳动保护措施的日常管理工作。

2.每年年初，安全员应依据县公司下达的安全技术劳动保护措施计划，结合供电所安全管理、设备管理以及劳动保护等方面存在的薄弱环节，根据上级要求编制本所安全技术劳动保护措施计划（见表2-5、表2-6），经供电所主任审核后，报上级主管部门批准。

表2-5 年度安全技术劳动保护措施计划表（综合计划类）

序号	项目名称	项目内容	项目总投资（万元）	年度投资计划（万元）	责任部门（单位）	执行部门（单位）	备注
1							
2							
3							

表2-6 年度安全技术劳动保护措施计划表（自行管理费用类）

序号	事项名称	事项类别	事项内容	金额（万元）	完成时间	责任部门（单位）	执行部门（单位）	备注
1								
2								
3								

3.安全技术劳动保护措施计划经县公司批准后，安全员应将安全技术劳动保护措施工作任务进行分解，按季、月编入供电所安全生产工作计划，明确责任人及完成时间，并负责落实工作组织、工作要求和安全措施，做好安全监督检查，保证项目按期完成。

4.在安全技术劳动保护措施计划实施过程中，供电所主任或安全员应对项目质量实施跟踪检查，并组织完工验收。对存在的问题应及时指出和纠正，检查、验收结果应记入相关记录，作为统计、考核的依据。

第五节 安全教育培训

一、培训要求

1.供电所应按规定制定年度培训计划，定期检查实施情况。

2.对违反规程制度造成安全事故、严重未遂事故的责任者，除按有关规定处理外，还应责成其学习有关规程制度，并经考试合格后，方可重新上岗。

3.应采用多种形式与手段，开展安全宣传教育活动，把安全理念、知识、技能作为重要培训内容，开展有针对性的实际操作、现场安全培训。

二、安全培训对象

1.新进人员

学习必要的安全生产知识，学会紧急救护法，特别要学会触电急救。接受相应的安全生产知识教育和岗位技能培训，掌握配电作业必备的电气知识和业务技能，并按工作性质，熟悉《国家电网公司电力安全工作规程（配电部分）（试行）》（以下简称"配电安规"）相关部分，经考试合格后上岗。

新参加电气工作的人员、实习人员和临时参加劳动的人员（管理人员、非全日制用工等），应经过安全生产知识教育后，方可下现场参加指定的工作，并且不得单独工作。

参与公司系统所承担电气工作的外单位或外来人员应熟悉配电安规的相关部分；经考试合格，并经设备运维管理单位认可后，方可参加工作。

运维、从事倒闸操作的检修人员，应经过现场规程制度的学习、现场见习和至少 2 个月的跟班实习。

检修、试验人员（含技术人员），应经过检修、试验规程的学习和至少 2 个月的跟班实习。

用电检查、装换表、业扩报装人员，应经过现场规程制度的学习、现场见习和至少 1 个月的跟班实习。

特种作业人员，应经专门培训，并经考试合格取得资格、单位书面批准后，方能参加相应的作业。

2. 在岗生产人员

在岗生产人员应定期进行有针对性的现场考问、反事故演习、技术问答、事故预想等现场培训活动。

因故间断电气工作连续 3 个月以上者，应重新学习配电安规，并经考试合格后，方可再上岗工作。

生产人员调换岗位或者其岗位需面临新工艺、新技术、新设备、新材料时，应当对其进行专门的安全教育和培训，经考试合格后，方可上岗。

所有生产人员应学会自救互救方法、疏散和现场紧急情况的处理，应熟练掌握触电现场急救方法，所有员工应掌握消防器材的使用方法。

各基层单位应积极推进生产岗位人员安全等级培训、考核、认证工作。

生产岗位班组长应每年进行安全知识、现场安全管理、现场安全风险管控等知识培训，考试合格后方可上岗。

在岗生产人员每年再培训不得少于 8 学时。

离开特种作业岗位 6 个月的作业人员，应重新进行实际操作考试，经确认合格后方可上岗作业。

3.安全生产管理人员、特种作业人员

安全生产管理人员、特种作业人员应由取得相应资质的安全培训机构进行培训，并持证上岗。发生或造成人员死亡事故的，其主要负责人和安全生产管理人员应当重新参加安全培训。对造成人员死亡事故负有直接责任的特种作业人员，应当重新参加安全培训。

三、安全考试

供电所组织全员开展《国家电网公司电力安全工作规程（配电部分）（试行）》《国家电网有限公司营销现场作业安全工作规程》（试行）的学习及复习考试，并对抽考、调考情况进行通报。若安全考试成绩可在相关安全生产管理系统中线上记录，不需手工填写在纸质记录上。

1."三种人"考试登记格式

供电所根据工作需求，组织人员参加县（区）公司工作票签发人、工作负责人、工作许可人培训，经考试合格后，由县（区）公司书面公布有资格担任工作票签发人、工作负责人、工作许可人的人员名单文件，供电所将"三种人"文件（见表2-7）留存档案盒。

表2-7 "三种人"考试登记表

序号	姓名	班组	"三种人"类别	考试时间	考试成绩	备注
1						
2						
3						

2.安规考试成绩登记格式

供电所根据工作时间安排，每年至少进行一次全员安全规程考试，登记安规考试成绩（见表2-8），确保全员安规考试合格。

表2-8　安规考试成绩登记表

序号	姓名	班组	考试名称	考试时间	考试成绩	备注
1						
2						
3						
4						
5						
6						

四、安全培训开展情况

1. 上级单位年度安全培训计划格式

供电所要按照所在单位年度安全培训计划安排要求（每年年初由县级公司培训部门下发），如实开展培训工作，做好培训情况记录（见表2-9）。

表2-9　××县级公司年度安全培训计划表

序号	培训时间	培训对象	培训内容	责任部门	完成情况
1					
2					
3					
4					
5					

2. 供电所年度安全培训计划格式

按照规定，供电所每年最少需要开展的各类安全培训如表2-10所示。

表2-10 ××供电所年度安全培训计划表

序号	培训名称	培训对象及内容	负责人	培训周期	培训时间
1	配电规程制度培训	全体员工	××	每年2期	
2	"两票"实施细则培训	外勤班员工	××	每月1期	
3	农村安全用电规程培训	全体员工	××	每月1期	
4	触电急救培训班	全体员工	××	每年1期	
5	现场应急处置方案	全体员工	××	每季1期	
6	标准化安全作业现场培训班	外勤班员工	××	每年2期	
7	消防知识培训班	全体员工	××	每年1期	
8	交通安全知识培训	全体员工	××	每年1期	
9	电力设施保护知识培训	全体员工	××	每年1期	
10	《安全生产法》培训	全体员工	××	每年1期	

3. 新员工、转岗人员、在岗人员培训登记表

供电所新员工、转岗人员、在岗人员参加培训后，应做好培训登记，建立供电所培训登记表（见表2-11）。

表2-11　××供电所培训登记表

培训主题			培训人数	
地点		培训部门		主讲人
培训时间			课时	
培训主要内容：				

参加培训人员签名

班组	姓名	职务	班组	姓名	职务

评价项目	评价结果
1. 培训人员对培训项目了解程度如何？	优（　　）　　好（　　） 尚可（　　）　　差（　　）
2. 培训内容适用性是否能使培训人员满意？	优（　　）　　好（　　） 尚可（　　）　　差（　　）
3. 培训人时间是否得当、培训教材是否合理？	优（　　）　　好（　　） 尚可（　　）　　差（　　）
4. 培训人是否能达到增强责任性和安全知识的效果？	优（　　）　　好（　　） 尚可（　　）　　差（　　）

4. 外来人员安全培训登记格式

供电所要做好外来人员安全培训登记（见表2-12），确保外来临时用工或者厂家技术人员等必须经过安全教育培训才能进入生产现场。

表2-12 外来人员安全培训登记表

培训主题		培训地点			
培训时间		培训对象		培训人员 所属单位	
受训人员签名:					
培训主要 内容					
考核方式	现场考试（ ） 现场提问（ ） 现场操作（ ）				
考核合格率					
总体评价					

5. 事故案例分析编写格式

供电所要强化安全事故警示教育，针对事故案例组织开展学习活动，共同分析事故发生的原因，探讨对事故案例的认识，结合日常工作的类似现象，提出下一步工作措施，记录事故案例学习体会（见表2-13）。

表2-13　事故案例学习体会

一、事故发生的原因

………

二、对事故案例的认识

………

三、日常工作的类似现象

………

四、下一步工作措施

………

第三章 风险管控

本章介绍了供电所安全生产风险管控的相关内容，主要包含作业计划种类、录入与执行要求、作业现场勘查要求、编制施工方案范围、典型作业主要风险辨识与控制、"两票"管理考核、外来施工安全监督管理、光伏用户安全管理等内容。

第一节 作业计划管理

一、应纳入作业计划管理的工作

配电设备检修维护、营销计量及装表接电等相关工作均应纳入作业计划管理，严禁无计划作业及"线下作业"（指作业计划未公示或未纳入安全生产风险管控平台管理）。凡需要填用工作票、施工作业票、派工单等所有作业均应录入安全生产风险管控平台，实现作业计划监管全覆盖。

二、作业计划种类与录入要求

作业计划分为周计划、日计划、临时工作和抢修作业四类。

三、周计划编制发布

周作业计划由各级专业管理部门发布。各级专业管理部门计划专责于每周定期将下周作业计划统一录入安全生产风险管控平台，并发布作业计划。周计划编审批及发布参照图 3-1 流程。

周计划编审批及发布流程		
各单位分管领导专业部门领导	县级单位专业部门	供电所

线下编审批阶段

开始

1.整理收集周作业计划

2.启动周计划编制

3.是否高风险周计划　否

是

4.2 高风险周计划编制

4.1 低风险周计划编制

5.3 批准提交周计划　否

通过　5.2 审核校验周计划　不通过

5.1 组织周计划内审

是

线上录入发布阶段

6.2 高风险周计划录入系统

6.1 低风险周计划录入系统

7.管控资料录入

7.1 低风险周计划分布

7.2 高风险周计划分布

8.系统自动拆解形成日计划

9.进入日计划管控

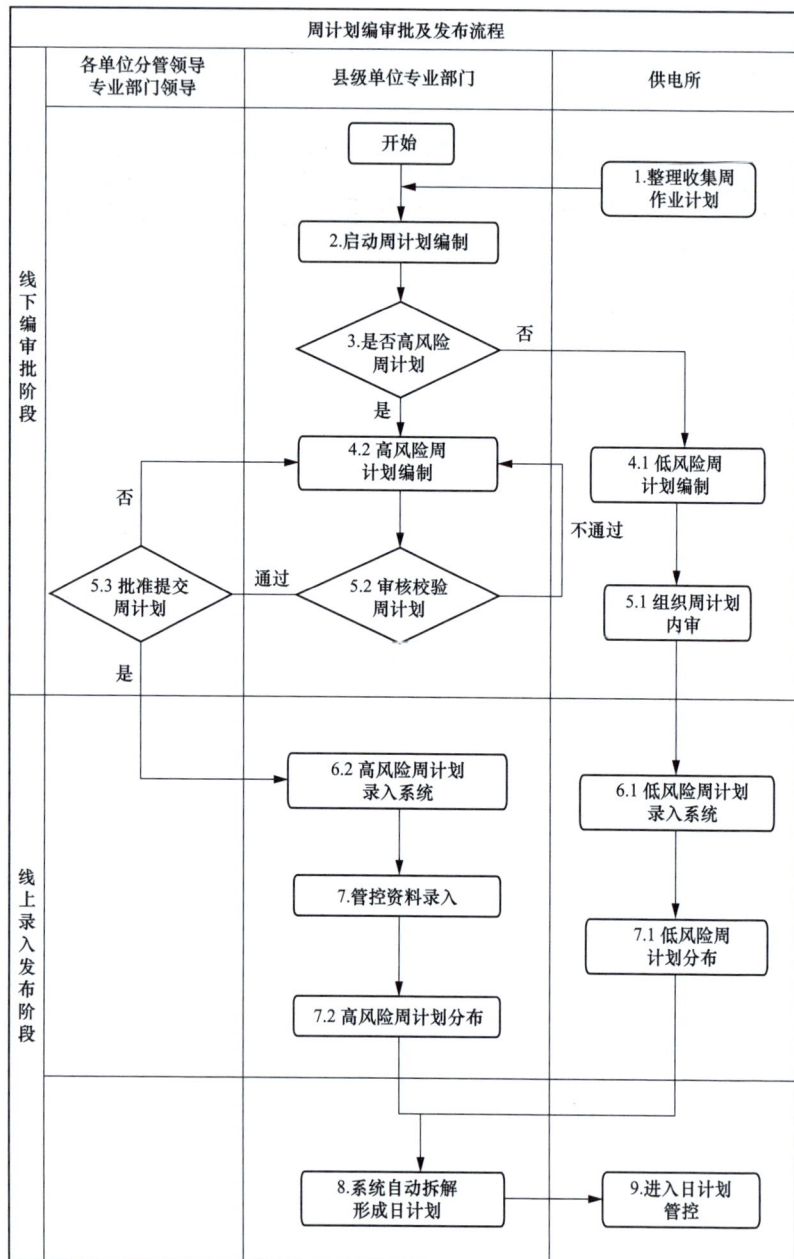

图 3-1　周计划编审批及发布流程

四、日计划

日计划（日安排）管控流程参见图3-2。

1. 日计划录入、审核

日计划分为两类。第一类是周作业计划拆解生成的日计划。周作业计划在每周五22:00前，由系统自动拆解为下周的日计划。各单位业务管理部门计划专责或工作负责人于作业前一天17:30前，可对日计划信息进行修改、完善及"取消""改期""提交"操作。17:30未提交的日计划，系统自动提交。第二类是新增日计划。应于作业前一天17:30前录入安全生产风险管控平台，并完成审核提交。作业前一天18:00后，系统将终止新增日计划的审核、提交。

2. 日计划发布

日计划发布由工作负责人完成。已提交的日计划，安全生产风险管控平台将推送给相应工作负责人，工作负责人可通过系统电脑端或手机端修改完善日计划相关信息。日计划应于作业前一天21:00前发布，生成日安排。系统从电脑端和手机端将日安排自动推送给应到岗到位人员、监理人员。

3. 临时工作

当日发生的临时性工作，可分为"上级派发""作业人员申请"两种形式。① 上级派发。由班组长或上级业务管理部门计划专责通过安全生产风险管控平台派发给工作负责人；临时高风险作业派发前，计划专责应报分管领导批准。② 作业人员申请。由工作负责人通过安全生产风险管控平台上报临时工作申请，班组长或上级业务管理部门计划专责审核后回发给工作负责人；临时高风险作业申请回发前，计划专责应报分管领导批准。

4. 抢修作业

当日发生的抢修作业，可分为"上级派发""抢修人员申请"两种形式。

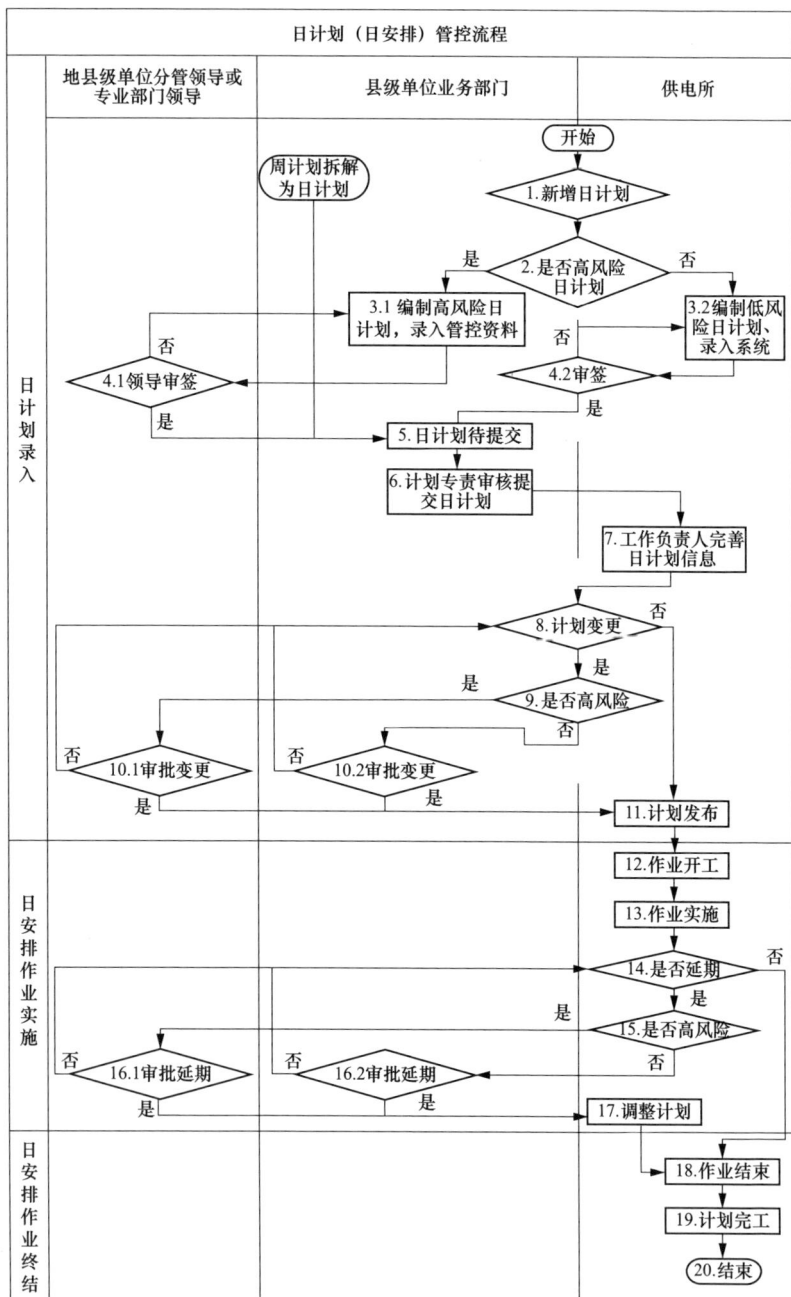

图 3-2 日计划（日安排）管控流程

（1）上级派发。由班组长或上级业务管理部门计划专责通过安全生产风险管控平台，派发"故障抢修单"给工作负责人；高风险抢修作业派发前，计划专责应报分管领导批准。

（2）抢修人员申请。由抢修工作负责人通过安全生产风险管控平台上报抢修安排，班组长或上级业务管理部门计划专责审核后回发给抢修工作负责人。高风险抢修作业申请回发前，计划专责应报分管领导批准。

五、作业计划执行

工作负责人到达作业现场后，通过手机 App 报送现场作业位置，上传已许可的工作票、现场安全措施、班前会等"三要素"照片，点击开工按钮，作业现场开工。

现场可通过作业计划与布控球、智能接地线、智能安全帽等设备进行关联，运用智能手段，保障现场安全。

完工后上传班后会、到岗到位人员二类照片及文档资料。上传的图片应清晰、直观。

工作票照片应包括开工许可工作票、完工终结工作票，内容要完整。班前班后会照片应包括全部参与作业的人员，人数要与工作票对应（拍照者可除外）。现场安全措施照片应包括现场所挂接地线（与工作票对应）、警示标志、安全围栏、个人安全防护等。

工作负责人在作业结束后应及时在手机 App 中查找对应日安排点击收工。

第二节　作业现场勘察

针对作业类别，需组织现场勘察的工作任务分别有以下几类，并明确现场勘察所包含的内容。

一、营销类

需接触电气设备或登高的营销类作业，工作票签发人或工作负责人均应组织现场勘察。需填写现场勘察记录申报标准化奖励的作业，详见表3-2《营销类作业与工作票对应关系表》。外来施工单位从事营销类电气作业的，均应填写现场勘察记录。现场勘察的内容包括安装位置和高度、需要停电的范围、保留的带电部位、装设接地线的位置。

二、运检类

运检类的检修和施工作业，均应进行现场勘察。10kV线路停电、中间电位带电作业和三级及以上的高风险作业，必须填写现场勘察记录，并作为工作票的附件进行考评、存档。需填写现场勘察记录申报标准化奖励的低风险作业，详见表3-3《运检类作业与工作票对应关系表》。外来施工单位从事运检类电气作业的，均应填写现场勘察记录。现场勘察的内容包括需要停电的范围、保留的带电部位、装设接地线的位置、配变台架与杆塔连结是否牢固、接地体是否完好、起重机具与高压线路、跌落保险上部带电部位安全距离是否满足要求，采取必要的绝缘隔离措施。

第三节　编制施工方案范围

需编制施工方案的作业项目主要为更换配电变压器、三基及以上电杆、导线，在带电设备附近使用吊车等大型机械的作业，需编制专项施工方案或标准化作业指导书（卡），并经本单位分管领导批准。

第四节　典型作业主要风险辨识与控制措施

供电所要依照典型作业风险辨识与控制措施（见表3-1），辨识典型作业范围内的各类危险因素，并针对各类作业风险实时控制措施。

表3-1 典型作业风险辨识与控制措施

序号	作业内容	风险辨识内容	控制措施
1	配电线路、设备巡视	触电伤害	（1）电缆隧道、偏僻山区、夜间、事故或恶劣天气等巡视工作，应至少两人一组进行。正常巡视应穿绝缘鞋；雨雪、大风天气或事故巡线，巡视人员应穿绝缘靴或绝缘鞋；汛期、暑天、雪天等恶劣天气和山区巡线应配备必要的防护用具、自救器具和药品；夜间巡线应携带足够的照明用具。 （2）大风天气巡线，应沿线路上风侧前进，以免触及断落的导线。事故巡视应始终认为线路带电，保持安全距离。夜间巡线，应沿线路外侧进行。雷电时，禁止巡线。 （3）巡视中发现高压配电线路、设备接地或高压导线、电缆断落地面或悬吊空中，室内人员应距离故障点4m以外，室外人员应距离故障点8m以外；并迅速报告调度控制中心和上级，等候处理。处理前应防止人员接近接地或断线地点，以免跨步电压伤人。进入上述范围人员应穿绝缘靴，接触设备的金属外壳时，应戴绝缘手套。 （4）单人巡视禁止攀登杆塔和配变台架；低压配电网巡视时，禁止触碰裸露带电部位
		交通伤害	穿越公路应注意过往车辆，防止车辆伤人
		其他伤害	（1）防止马蜂等昆虫或动物伤人； （2）巡线时禁止泅渡，防止溺水

续表

序号	作业内容	风险辨识内容	控制措施
2	停送柱上断路器、隔离开关或跌落式熔断器	触电、高坠	（1）操作机械传动的断路器（开关）或隔离开关（刀闸）时，应戴绝缘手套。操作没有机械传动的断路器（开关）、隔离开关（刀闸）或跌落式熔断器，应使用绝缘棒。雨天室外高压操作，应使用有防雨罩的绝缘棒，并穿绝缘靴、戴绝缘手套。 （2）雷电时，禁止就地倒闸操作和更换熔丝。 （3）登杆过程中，严禁穿越和碰触低压导线；操作时，应系好安全带
		误操作	（1）倒闸操作要严格执行操作票，严禁无票操作； （2）倒闸操作应由两人进行，一人操作，一人监护； （3）停电时，应先断开断路器后拉负荷侧、电源侧隔离开关，送电时与此相反； （4）跌落式熔断器停电操作时，应按中相、下风相、上风相顺序进行，送电时与此相反
3	验电	触电伤害	（1）使用合格的相应电压等级的验电工具； （2）验电人员宜戴绝缘手套，高压验电，人体与带电部位保持 0.7m 安全距离； （3）对同杆（塔）架设的多层电力线路验电，应先验低压，后验高压，先验下层，后验上层，先验近侧、后验远侧
4	装、拆接地线	触电伤害	（1）装设、拆除接地线均应使用绝缘棒并戴绝缘手套，人体不得碰触接地线或未接地的导线；

续表

序号	作业内容	风险辨识内容	控制措施
4	装、拆接地线	触电伤害	（2）装设接地线时应先接地端、后导线端，多层线路装设时，应先低压、后高压，先下层、后上层，先近侧、后远侧，拆除接地线时顺序相反，接地桩埋深不得小于0.6m
		高处坠落	在杆塔上作业时，安全带和保护绳应分挂在主杆或牢固的构件上
5	变压器台架上工作	触电伤害	（1）作业前必须将变压器停电，在变压器高低压侧分别验电、接地后方可作业； （2）人体与高压线路、跌落熔断器上部带电部分保持1m安全距离，并设专人监护
		高处坠落	（1）攀爬用梯子应坚固完整、有防滑措施，梯子放置要平稳，并有人扶持； （2）高处作业人员应戴好安全帽，安全带及后备保护绳应挂在不同部位的牢固构件上，应采用高挂低用； （3）雨、雪天气要有防滑措施
6	更换变压器	触电伤害	（1）起重作业应设专人指挥和监护； （2）起重设备应可靠接地，并与高压带电部位保持2m以上安全距离； （3）人体与高压带电部位保持不小于1m安全距离； （4）当起重设备与带电设备安全距离大于0.7m小于2m时，应制定吊车专项施工方案，并经本单位批准
		机械伤害、物体打击	（1）起吊前，应检查悬吊情况及捆绑情况，确认可靠后方可试行起吊，起吊物稍离地面应再次检查各受力部位，确认无异常情况方可继续起吊；

续表

序号	作业内容	风险辨识内容	控制措施
6	更换变压器	机械伤害、物体打击	（2）吊放变压器及吊车转位时，吊臂下严禁有人逗留，必要时应装设围栏，悬挂警告标示牌； （3）六级以上大风时禁止露天起重作业，雷雨时应停止野外起重作业
7	测量接地电阻	触电伤害	（1）测量接地电阻工作至少应由两人进行，一人操作，一人监护； （2）测量人员应了解测试仪表性能、测试方法及正确接线； （3）解开或恢复接地线时，应戴绝缘手套，测量时严禁接触或断开试验引线
8	测量绝缘电阻	触电伤害	（1）安全措施参照配变台架上工作的控制措施； （2）在拆除和更换试验引线时应逐相对地放电，雷电时禁止测量； （3）测量时人体不得接触测量仪表的端子及引线
9	砍剪树木	触电伤害	（1）砍剪树木应有专人监护； （2）砍剪靠近带电线路的树木，工作负责人应在工作开始前，向全体作业人员说明电力线路有电；使用派工单工作时，人员、树木、绳索应与导线保持 1.0m 规定的安全距离； （3）风力超过五级时禁止砍剪高出或接近带电线路的树木； （4）砍剪山坡树木应做好防止树木向下弹跳接近线路的措施

续表

序号	作业内容	风险辨识内容	控制措施
9	砍剪树木	高处坠落	（1）上树时，应使用安全带，安全带不得系在待砍剪树枝的断口附近或以上； （2）不得攀抓脆弱和枯死的树枝，不得攀登已经锯过或砍过的未断的树木
		物体打击	（1）为防止树木（树枝）倒落在线路上，应使用绝缘绳索将其拉向与线路相反的方向，绳索应有足够的长度和强度，以免拉绳的人员被倒落的树木砸伤； （2）使用油锯和电锯的作业，应由熟悉机械性能和操作方法的人员操作。使用时，应先检查所能锯到的范围内有无铁钉等金属物件，以防金属物体飞出伤人
		动物伤害	砍剪树木时，应防止马蜂等昆虫或动物伤人
10	立（撤）电杆	倒杆	（1）使用吊车立（撤）电杆，钢丝绳套应挂在电杆的适当位置以防止电杆突然倾倒；撤杆时，应先检查有无卡盘或障碍物并试拔； （2）立（撤）电杆，禁止基坑内有人，除指挥人及指定人员外，其他人员应在杆塔高度的1.2倍距离以外； （3）立杆应采用拉绳等控制杆身，回填夯实后方可撤去拉绳
		触电伤害	（1）禁止作业人员穿越未停电接地或未采取隔离措施的绝缘导线进行工作； （2）在停电检修作业中，开断或接入绝缘导线前，应做好防感应电的安全措施；

续表

序号	作业内容	风险辨识内容	控制措施
10	立（撤）电杆	触电伤害	（3）邻近带电线路工作时，人体、导线、施工机具等与带电线路应保持足够的安全距离，作业的导线应在工作地点接地，绞车等牵引工具应接地
11	杆塔上作业	高处坠落	（1）检查杆根、基础和拉线是否牢固，检查登高工具是否完整牢靠； （2）攀登有覆冰、积雪、积霜、雨水的杆塔时，应采取防滑措施； （3）作业人员攀登杆塔、杆塔上移位及杆塔上作业时，手扶的构件应牢固，不得失去安全保护； （4）在杆塔上作业时，安全带和保护绳应分挂在主杆或牢固的构件上
		物体打击	（1）高处作业时应使用工具袋； （2）现场所有人员必须戴安全帽； （3）所有的工器具、材料等必须用绳索传递，不得抛掷，杆下应设围栏，不准行人进入围栏
12	放、紧线、撤线	机械伤害	（1）放线、紧线及撤线工作，均应有专人统一指挥，统一信号； （2）开门滑车应将门钩扣牢或用绑线加固，防止绳索滑脱； （3）紧线、撤线前应检查拉线、杆根，必要时应加设临时拉线加固； （4）紧线前应检查接线管、头有无卡顿现象，如有，应松线后处理，处理时操作人员应站在卡线处外侧，采用工具撬、拉导地线，严禁用手直接拉、推导线；

续表

序号	作业内容	风险辨识内容	控制措施
12	放、紧线、撤线	机械伤害	（5）放线、撤线和紧线工作时，人员不得站在或跨在已受力的牵引绳、导线的内角侧和展放的导、地线圈内以及牵引绳或架空线的垂直下方，防止意外跑线时被抽伤； （6）采用以旧线带新线的方式施工，应检查确认旧导线完好牢固； （7）在交通道口采取无跨越施工时，应采取措施防止车辆挂碰施工线路
		触电伤害	（1）放、撤导线应有人监护，注意与高压导线的安全距离，并采取措施防止与低压带电线路的接触； （2）若放线通道中有带电线路和带电设备，应与之保持安全距离，无法保证安全距离时应采取搭设跨越架等措施或停电
13	更换下户线	触电伤害	（1）断开低压出线断路器（刀闸），在把手上悬挂"禁止合闸，线路有人工作"的警示牌； （2）工作地段各端必须验电和挂接地线，并有专人监护； （3）应有防止用户自备电源反送电的防护措施（如：断开用户表后低压空开）； （4）在高低同杆的电杆上作业，人体与10kV导线必须保持不低于1m安全距离
		高处坠落	（1）攀登杆塔前应先检查脚钉、脚扣、升降板、安全带、梯子、爬梯是否完整牢固； （2）在杆塔上作业时，安全带和保护绳应分挂在主杆或牢固的构件上；

续表

序号	作业内容	风险辨识内容	控制措施
13	更换下户线	高处坠落	（3）遇有冲刷、起土、上拔的电杆，应先培土加固或支好叉杆后再上杆，打拉线时检查木杆杆根情况和水泥杆腐蚀、剥落情况； （4）杆塔上有人工作时，严禁调整或拆除拉线，临时拉线不得固定在有可能移动或其他不可靠的物体上
14	更换表计	触电伤害	（1）接触金属表箱前先对表箱验电； （2）工作前应断开用户表后空开； （3）工作时，应穿绝缘鞋和全棉长袖工作服，戴手套和护目镜，使用绝缘完好的工器具（钳子、起子），外裸的金属部位应采取绝缘包裹措施； （4）断开导线时，应先断开相线、后断开零线，断开的带电线头应立即进行绝缘包裹，人体不准同时接触两根线头，接线时先接零线、后接相线； （5）装表接电时，应先安装表计后接电
		高处坠落	（1）使用梯子须限高、防滑并设专人扶持； （2）高处作业人员应正确使用防高坠装备
15	更换配电柜低压出线开关	触电伤害	（1）在配电柜（盘）内工作，相邻设备应全部停电或采取绝缘遮蔽措施； （2）当发现配电箱、电表箱箱体带电时，应断开上一级电源，查明带电原因，并作相应处理
		高处坠落	（1）使用梯子须限高、防滑并设专人扶持； （2）高处作业人员应正确使用防高坠装备

第五节 "两票"管理

一、工作票的使用范围

供电所开展营销类、运检类作业时，要参照各类作业与工作票对应关系表（见表 3-2、表 3-3），填用正确的工作票。

表 3-2 营销类作业与工作票对应关系表

序号	工作内容	适用票种	备 注
1	抄表工作	派工单	
2	安装、更换、迁移、拆除、维护低压计量装置	派工单	低压单相表
		低压工作票、现场勘察记录	低压三相表
3	用电采集模块维护、表计复电及表后空开复电	派工单	
4	配电台区总表及专变用户用电采集装置更换	低压工作票	
		配电第二种工作票、现场勘察记录	不需要高压线路设备停电或做安全措施的高压计量装置上的工作
		配电第一种工作票、现场勘察记录	需高压设备停电或做安全措施
5	用电检查	派工单	高、低压线路设备不需停电或做安全措施的
		工作票	需停电或做安全措施的，按相应电压等级填写工作票

序号	工作内容	适用票种	备　注
6	业扩报装工程现场勘察、中间检查、竣工验收	派工单	
7	充电站、桩设备巡查	派工单	
8	不接触设备的其他营销类工作	派工单	含催费、现场网格服务等工作

备注：本表所指安全措施是指停电、验电、接地、绝缘隔离等措施。

表3-3　运检类作业与工作票对应关系表

序号	工作内容	适用票种	备注
一	10kV架空配电线路相关工作		
1	配电线路、设备巡视	派工单	
2	故障登杆检查	配电第一种工作票/配电故障紧急抢修单	需采取停电方式接触设备的工作
3	更换导线、横担、金具、绝缘子、电杆、避雷器、拉线、跳线连接、柱上开关、刀闸、跌落式熔断器，更换配电变压器高压引下线	配电第一种工作票、现场勘察记录	高压设备需停电或做安全措施的作业
4	高压线路砍剪树木	配电第一种工作票、现场勘察记录	树木与带电体的安全距离不能满足0.4m
		配电带电作业票、现场勘察记录	树木的安全距离大于0.4m，小于0.7m

续表

序号	工作内容	适用票种	备注
4	高压线路砍剪树木	配电第二种工作票、现场勘察记录	树木的安全距离大于0.7m，小于1m
		派工单	安全距离1m及以上
5	高压线路清除鸟巢	配电第二种工作票	鸟巢与带电体安全距离大于0.7m的
		配电带电工作票、现场勘察记录	鸟巢与带电体安全距离小于0.7m，或在杆塔横担上
6	线路设备安装标示牌	派工单	安全距离大于1m
7	线路杆塔底部和基础的检查工作	派工单	
8	线路故障紧急抢修	配电第一种工作票/配电故障紧急抢修单	停电作业
二	配电设备相关工作		
1	更换配电变压器	配电第一种工作票、现场勘察记录	停电作业
2	高(低)压桩头、避雷器，配变调档、加油、预防性试验	配电第一种工作票、现场勘察记录	停电作业
3	更换配电变压器配电柜	配电第一种工作票、现场勘察记录	停电作业
4	配电变压器故障抢修	配电第一种工作票/配电故障紧急抢修单	停电作业
5	配电设备红外测温	派工单	

序号	工作内容	适用票种	备注
6	测量配电变压器接地网电阻	派工单	
三	低压配电柜相关工作		
1	更换配电柜各出线开关	低压工作票、现场勘察记录	停电作业
2	更换配电柜低压总开关	配电第一种工作票、现场勘察记录	高压停电
3	低压开关单一复电工作	派工单	
四	0.4kV 及以下低压线路相关工作		
1	变压器台架上更换配电柜出线、低压导线、金具、绝缘子	配电第一种工作票、现场勘察记录	线路停电
2	线路巡视	派工单	
3	低压线路砍剪树木	低压工作票、现场勘察记录	安全距离不够需停电
		派工单	安全距离满足要求
4	更换低压导线、横担、金具、绝缘子、电杆、拉线、跳线、下户线、负荷调整	低压工作票、现场勘察记录	
5	悬挂杆号牌、警示牌、清除鸟巢	派工单	

续表

序号	工作内容	适用票种	备注
6	使用钳形电流表的测量工作	派工单	
7	低压线路故障抢修	低压工作票/配电故障紧急抢修单	
8	汽车充电桩维护	低压工作票	
五	通用		
	线路设备验收	派工单	

二、操作票的使用范围

供电所对电气设备进行倒闸操作时，要参照操作票使用范围（见表3-4），填用正确的操作票。

表3-4 操作票使用范围

序号	工作内容	适用票种	备注
1	10kV配电线路及设备停、送电操作	倒闸操作票	
2	配变停、送电的操作	倒闸操作票	
3	低压设备操作	倒闸操作票/口头操作指令记录簿/检修设备停送电操作记录簿	使用低压工作票的停电作业，停电操作应记录在低压票第11栏"检修设备停送电操作记录簿"中，无须重复记录在口头操作指令记录簿中

续表

序号	工作内容	适用票种	备注
4	更换配变跌落式熔断器熔丝	倒闸操作票	应拉开低压侧开关（断路器）和高压侧隔离开关（刀闸）或跌落式熔断器。摘挂跌落式熔断器的熔管，应使用绝缘棒，并派人监护
5	更换配电柜拔插式熔断器或刀熔式开关熔断器	倒闸操作票	需断开出线剩余电流动作保护器（漏电保护器）、拉开总隔离开关（刀闸）、在熔断器两侧逐相验电后更换
6	口头操作指令	口头操作指令记录簿	调度下达的口头指令、站所下达的配变操作及低压操作口头指令

三、"班前会及班后会记录卡"的使用范围

1.应填用"班前会及班后会记录卡"的作业

（1）10kV 线路停电作业；

（2）三级及以上的高风险作业；

（3）采取总、分工作票进行的作业；

（4）一张工作票连续使用 2 天及以上的作业，"班前会及班后会记录卡"应作为工作票每天开工、收工的附件。

2.可不填用"班前会及班后会记录卡"的作业

（1）填用施工作业票的作业，应按规定填用"每日站班会"，可不填用"班前会及班后会记录卡"；

（2）抢修作业和二级及以下的低风险作业，可不填用"班前会及班后会记录卡"，但应在安全生产风险管控平台的作业任务中，

上传班前会和班后会的相关现场照片。

四、"两票"管理与考核

1. "两票"汇总与评价表

供电所要按规定严格审查"两票",建立"两票"登记制度,每天应检查当日全部已执行的"两票",并进行年度、月度汇总评价,填写供电所月(年)度"两票"汇总评价表(见表3-5)。

表3-5　供电所月(年)度"两票"汇总评价表

序号	票种	数量	合格份数	不合格份数	合格率	审查人
1	配电第一种工作票					
2	配电第二种工作票					
3	低压工作票					
4	故障紧急抢修单					
5	倒闸操作票					
6	派工单					
7	现场勘察记录单					
存在的问题及考核意见						

汇总人:　　　　　审核人:　　　　　填报时间:　　年　　月　　日

2."两票"月度明细汇总表

供电所要每月对"两票"进行一次总结分析，分析存在的问题，填写 ×× 月"两票"明细汇总表（见表3-6）。

表3-6 ×× 月"两票"明细汇总表

序号	作业单位	二级机构名称	工作票编号	工作票类型	工作内容	系统是否可查	专业	工作负责人	工作票签发人	工作许可人	存在的问题
示例	国网××供电公司	××供电所	外2019080001	配电第一种工作票	10kV××开关××线××号杆更换××台区配电变压器	是	配电	张××	邓××	方××	漏填吊车作业时的安全注意事项
1											
2											
3											

填写人：　　　　审核人：　　　　填报时间：　　年　月　日

3."两票"装订封面

供电所要有专责人员将"两票"进行统一装订，装订封面见表3-7。

表3-7 ××月"两票"装订封面（检查、评价记录）

××月"两票"装订封面（检查、评价记录）
单　　　位：
票　　　名：
票　　　号：　　　　　　　至
份　　　数：
不合格份数：
合　格　率：
收　存　人：
检　查　人：
时　　　间：
检查、评价情况：

五、"两票"相关印章规格

1. 操作票印章

"已执行"印章，规格 25mm×8mm 四周双线条；"未执行"印章，规格 25mm×8mm 四周单线条；"暂停待调度令继续操作"印章，规格 50mm×8mm 四周单线条红色印料。

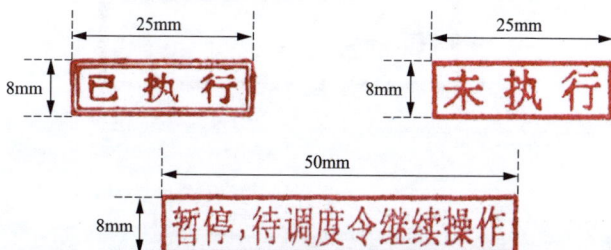

2. 工作票（单）印章

"已终结"印章，规格 30mm×20mm 四周双线条；"作废"印章，规格 30mm×20mm 四周单线条。

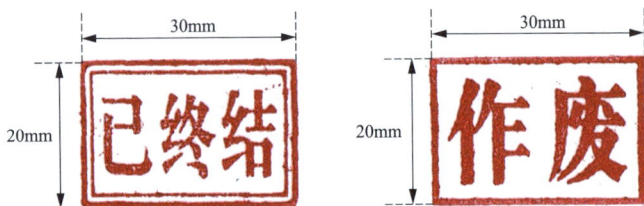

3. "两票"评价考核印章

"合格"印章，规格 50mm×25mm 四周单线条；"不合格"印章，规格 50mm×25mm 四周单线条。

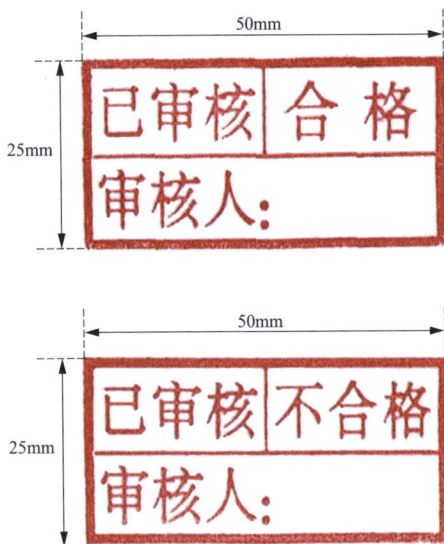

第六节　外来施工安全监督管理

一、停电计划管理

外来施工企业需停电作业，应先向属地单位业务主管部门申报停电计划（见表3-8），批准后向属地运维管理单位提出书面停电申请，10kV 停电计划应提前 15 天，0.4kV 停电计划应提前 7 天。

表3-8　外来施工单位停电申请

序号	申请单位	工作内容	停电线路及设备名称	计划工作时间	工作负责人	备注
1						
2						
3						

二、工作票签发

外来施工企业（包括公司集体企业）在供电所管辖的设备上进行工作，需办理相应的电气工作票，工作票由供电所和或外来施工企业（包括公司集体企业）"双签发"，外来施工企业（包括公司集体企业）的工作票签发人及工作负责人名单应事先送供电所备案。工作票"双签发"时，应先由外来施工企业（包括公司集体企业）的工作票签发审核签发工作票，再送达供电所工作票签发人审核签发，工作票"双签发"审核无误后交工作负责人。安全施工作业票无须"双签发"。

三、工作票许可

在调度管辖的设备上工作，需要设备停电或做安全措施时，应由设备运维管理单位按调度指令进行停电操作并完成相关安全措施后，方可发出许可工作的命令。

在供电所管辖的设备上工作，需要设备停电或做安全措施时，应由供电所具备资格的人员进行停电操作并完成相关安全措施后，方可发出许可工作的命令。

许可开始工作的命令，应通知工作负责人。其方法可采用：

1. 当面许可。工作许可人和工作负责人应在工作票上记录许可时间，并分别签名。

2. 电话许可。工作许可人和工作负责人应分别记录许可时间和双方姓名，复诵核对无误。

严禁外来施工企业未经许可擅自操作配电设备。

四、安全质量监督

由外来施工企业担任工作负责人的施工作业，供电所应对所管辖设备需要停电或做安全措施的现场进行安全质量监督检查并填写相关记录（见表3-9），发现违章应及时制止，经纠正后才能恢复工作。

表3-9　供电所施工现场作业安全质量监督卡

项目名称			
施工内容		地点	
施工单位		监督时间	年　月　日
监督重点内容		执行情况	
安全类（重点监管内容）	1. 是否已对施工班成员（全员）进行了安全交底	是□　否□	
	2. 施工作业人员"两穿一戴"及胸卡是否齐全	是□　否□	
	3. 施工负责人是否现场持有完整的施工方案	是□　否□	

续表

安全类（重点监管内容）	4. 是否已正确办理工作票，施工负责人是否现场持票	是□	否□
	5. 作业点各端是否已分别验电、接地，接地桩埋深是否满足要求	是□	否□
	6. 柱开、隔离刀闸是否悬挂"禁止合闸，线路有人工作"标示牌	是□	否□
	7. 作业点下方是否已布置现场遮栏（围网）、警告警示牌	是□	否□
	8. 验电笔、绝缘手套、接地线是否已做试验并合格	是□	否□
	9. 腰带、踩板、保护绳是否已做试验并合格	是□	否□
	10. 施工工器具是否有合格标签、外观有无破坏	是□	否□
	11. 登杆前是否已检查杆根、拉线	是□	否□
	12. 登杆是否有完整的保护措施	是□	否□
	13. 现场监督发现的问题施工单位是否已立即整改	是□	否□
质量类（重点监管内容）	1. 是否已对施工班成员（全员）进行了技术交底	是□	否□
	2. 是否按设计图纸组织施工（现场有无施工图）	是□	否□
	3. 基坑是否达到设计深度	是□	否□
	4. 是否已按设计要求浇灌基础	是□	否□
	5. 底盘、卡盘是否已按设计要求安装	是□	否□
	6. 基坑回填是否已分层夯实	是□	否□
	7. 是否已按设计（运维单位）要求装设拉线	是□	否□

续表

质量类（重点监管内容）	8.是否已按设计（运维单位）要求装设接地环	是☐ 否☐
	9.台区是否按典型设计要求施工	是☐ 否☐
	10.现场监督发现的问题施工单位是否已立即整改	是☐ 否☐
其他类	现场监理人员是否到位（监理签字）	
现场施工负责人签名确认：		安全质量监督员：

五、工程验收

参与本供电所管辖范围的配电网改造、业扩报装等工程投运前的验收工作，应按规定填用派工单，规范"两穿一戴"，对影响设备安全稳定运行的隐患必须督促及时整改。

第七节　光伏用户安全管理

一、建立台账

供电所要建立分布式电源台账（见表3-10），全面准确掌握所辖地区光伏用户相关信息，并动态更新。

表3-10　供电所分布式电源台账

序号	分布式电源客户名称	客户联系电话	户号	并网电压等级（kV）	并网台区名称	并网台区容量（kVA）	光伏容量（kW）	T接点有无明显断开点	并网断路器是否我方管理	T接点有无警示标示	并网台区有无警示标示	所属10kV线路	备注
1													
2													

续表

序号	分布式电源客户名称	客户联系电话	户号	并网电压等级（kV）	并网台区名称	并网台区容量（kVA）	光伏容量（kW）	T接点有无明显断开点	并网断路器是否我方管理	T接点有无警示标示	并网台区有无警示标示	所属10kV线路	备注
3													
4													
5													
6													

二、并网接入要求

1.并网容量标准。公用台区配变并网光伏总容量不允许超出配变额定容量的二分之一，严禁超容量并入台区配电变压器，以免损坏变压器和光伏电站逆变器。

2.接入方式要求。从台区低压配电箱空余分支开关并网接入，要有明显的断开点。应安装易操作，具有明显开断指示、具备开断故障电流能力的开断设备。严禁通过变压器低压桩头或计量装置后端子排等其他方式并网，避免检修施工时影响安全措施的布置，防止反送电。

3.计量箱柜安装要求。光伏并网计量箱安装在并网台区配电箱一侧电杆上，明确产权分界点，便于运行维护和安全技术措施的实施。

4.安全警示标识要求。光伏并网台区需有醒目安全标识，如"此台区有光伏电源""光伏并网产权分界点""光伏并网计量箱""光伏并网汇流箱""此间隔有光伏接入"、开关刀闸编码等醒目安全标识，以起到安全警示防范作用。

三、运行管理要求

1. 验收并网要求。供电所在接入低压配电网的分布式电源并网验收时，应重点关注低压分布式电源接入装置是否具备失压跳闸及有压闭锁合闸功能，按推荐要求采用三相逆变器，防止三相功率不平衡，测量并网点电压质量和谐波含量，若验收不合格不予并网，并提出整改方案。

2. 产权分界点要求。分布式电源并网的产权分界点应在分布式电源并网计量装置处电网侧，在产权分界点处设置醒目标识，并与分布式电源客户签订相关协议。

3. 设备检修维护要求。分布式电源并网接入点应安装易操作，具有明显开断指示、具备开断故障电流能力的开断设备，运维管理人员每月对分布式电源并网台区开展一次设备巡视，检查开断设备功能是否正常，对故障开断设备进行维修和更换，并做好巡视和消缺记录。

4. 运行监测要求。分布式电源的电能计量装置应具备电流、电压、电量等信息采集和三相电流不平衡监测功能，采集数据上传至监测系统。供电所应关注监测光伏发电和并网台区运行状况，出现异常及时进行处理。对于并网运行期间出现故障的分布式电源，应及时停止并网并通知分布式电源客户处理故障。

5. 检修安全措施。含有分布式电源的配电网同传统的配电网有较大不同，给配电网检修工作带来较大风险，为避免反送电造成人身伤害，接有光伏电源配电网停电检修必须严格执行《国家电网公司电力安全工作规程（配电部分）（试行）》相关规定，切实做好安全措施落实。

第四章　安全工器具管理

本章主要介绍了供电所安全工器具管理的规范要求，从管理要求、职责规范、配置标准、台账记录以及智能安全工器具等多个方面，严格规范安全工器具的使用、检查、保管和试验等环节，落实凭票领用制度，做到"三相符、三关联"（台账、定置卡、实物是否三相符；领用记录、两票、台账是否三关联）。

第一节　管理要求

一、严格实行集中管理

所有安全工器具（含个人防护用品）应在供电所集中管理，严禁个人保管接地线、脚扣、升降板、验电器等安全工器具私自使用。

二、加强日常维护管理

建立安全工器具台账，账、卡、物要相符，要指定专人做好安全工器具日常维护、保养及定期送检工作，不得使用不合格或超试验周期的安全工器具。

三、规范领用及归还管理

安全工器具室要存放领用登记记录本，严格执行凭工作票或派工单领用、登记制度，领用及归还时应检查安全工器具是否完好，并在领用登记本上记录、签名。

四、安全工器具管理流程图

参照图 4-1 开展安全工器具管理工作。

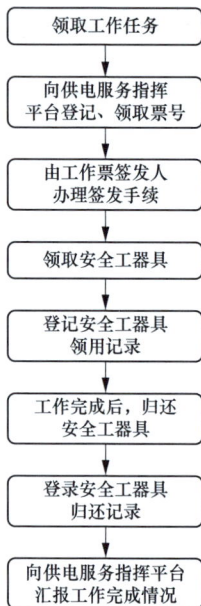

```
┌─────────────────┐
│   领取工作任务    │
└─────────────────┘
         │
┌─────────────────┐
│  向供电服务指挥   │
│  平台登记、领取票号 │
└─────────────────┘
         │
┌─────────────────┐
│  由工作票签发人   │
│  办理签发手续     │
└─────────────────┘
         │
┌─────────────────┐
│  领取安全工器具   │
└─────────────────┘
         │
┌─────────────────┐
│  登记安全工器具   │
│  领用记录         │
└─────────────────┘
         │
┌─────────────────┐
│  工作完成后，归还  │
│  安全工器具       │
└─────────────────┘
         │
┌─────────────────┐
│  登录安全工器具   │
│  归还记录         │
└─────────────────┘
         │
┌─────────────────┐
│  向供电服务指挥平台 │
│  汇报工作完成情况  │
└─────────────────┘
```

图 4-1　安全工器具管理流程图

第二节　专（兼）职保管员职责

（1）根据工作实际，提出安全工器具添置、更新需求；

（2）建立安全工器具管理台账，并及时更新，做到账、卡、物相符，试验报告齐全；

（3）严格安全工器具管理，按要求集中存放，凭票领用，及时归还；

（4）落实周期试验及定期送检工作，严禁使用不合格或超试验周期的安全工器具；

（5）及时做好安全工器具日常维护、检查、保养，检查记录齐全。

第三节　安全工器具配置标准

根据《国家电网公司安全工器具管理规定》（国家电网企管〔2014〕748号），编制了乡镇供电所安全工器具配置参考标准（见表4-1）。

表4-1　乡镇供电所安全工器具配置参考标准

序号	名　称	规格型号	单位	数量	备注
1	绝缘手套		双	2	
2	绝缘靴		双	2	
3	绝缘操作杆	10kV	套	2	
4	验电器	10kV	只	4	
5	验电器	380V	只	每人1只	
6	接地线	10kV	组	8	
7	接地线	380V	组	8	
8	安全带（含保护绳）		副	每人1副	
9	安全帽		顶	每人1顶	
10	绝缘梯	6m平梯	架	3	
11	绝缘梯	1.5m人字梯	架	3	
12	登高板或脚扣		副	每人1副	
13	速差自控器		只	8	
14	个人保安线		副	每人1副	
15	安全围栏（围）		副	5	

续表

序号	名　称	规格型号	单位	数量	备注
16	安全警示带		副	5	
17	（标示牌）禁止合闸，线路有人工作	200mm×160mm	块	10	
18	（标示牌）禁止合闸，有人工作	200mm×160mm	块	10	
19	（标示牌）止步，高压危险	300mm×240mm	块	10	
20	（标示牌）在此工作	250mm×250mm	块	10	
21	护目镜		副	每人1副	
22	辅助型绝缘垫		块	2	
23	（标示牌）前方施工请绕道通行		块	4	
24	单钩双环或者围杆带		副	每人1副	

备注：以上配置可根据班组人数和实际生产任务量适当调整。

第四节　安全工器具购置、报废格式

供电所安全工器具在购置入库和超期报废时，应做好记录（见表4-2），确保每个安全工器具的信息都能够追溯，可查询。

表4-2　供电所安全工器具入库、报废表

序号	名称	规格型号	数量	单位	入库或报废	时间	责任人	备注
1								
2								
3								

第五节　安全工器具试验检查记录格式

供电所安全工器具应按照规定试验周期，将安全工器具定期送检，并做好实验检查记录（见表4-3）。

表4-3　××供电所安全工器具试验检查记录表

序号	名称	规格型号	试验周期	试验日期	试验项目	试验结论	试验人	下次试验日期	备注

第六节　安全工器具领用记录格式

供电所安全工器具应严格凭票领用制度，如实填写安全工器具领用记录（见表4-4）。

表4-4　××供电所安全工器具领用记录

工作内容：　　　　　　　　　　　　　工作票（单）编号：

序号	名　　称	规格型号	单位	领用数量	是否归还	备注
1	绝缘手套		双			
2	绝缘靴		双			
3	绝缘操作杆	10kV	套			
4	验电器	10kV	只			
5	验电器	380V	只			

续表

序号	名　称	规格型号	单位	领用数量	是否归还	备注
6	接地线（领用数量按编号填写）	10kV	组			
7	接地线（领用数量按编号填写）	380V	组			
8	安全带（含保护绳）		副			
9	安全帽		顶			
10	绝缘梯	6m 平梯	架			
11	绝缘梯	1.5m 人字梯	架			
12	登高板或脚扣		副			
13	速差自控器		只			
14	个人保安线		副			
15	安全围栏（围网）		副			
16	安全警示带		副			
17	（标示牌）禁止合闸，线路有人工作	200mm × 160mm	块			
18	（标示牌）禁止合闸，有人工作	200mm × 160mm	块			
19	（标示牌）止步，高压危险	300mm × 240mm	块			
20	（标示牌）在此工作	250mm × 250mm	块			

续表

序号	名　称	规格型号	单位	领用数量	是否归还	备注
21	护目镜		副			
22	辅助型绝缘垫		块			
23	（标示牌）前方施工请绕道通行		块			
24	单钩双环或者围杆带		副			

领用人：　　　　　　领用时间：　　　　　　归还时间：

第七节　供电所工器具台账

供电所要认真全面清点检查安全工器具，规范记录安全工器具台账（见表4-5）。

表4-5　××供电所工器具台账

序号	名称	规格型号	生产厂家	生产日期	入库时间	编号	上次试验日期	下次试验日期

第八节　智能安全工器具管理

一、管理要求

安全智能设备使用管理应纳入安全工器具统一管理，遵循"谁主管、谁负责""谁使用、谁负责"的原则，实行"归口管理、分级实施"的模式，严格收货、验收、检验、使用、保管、检查等管理，做到"安全可靠、合格有效"。

二、管理职责

1.将安全智能设备统一存放在安全工器具室，安排专人做好安全智能设备日常维护、保养和检查。

2.做好安全智能设备的充电，保证日常使用电量。

3.建立安全智能设备管理台账，做到账、卡、物相符，领用登记记录齐全。安全智能设备的领用纳入安全工器具统一登记记录。

4.组织开展班组安全智能设备培训，严格执行操作规定，正确使用安全智能设备，严禁使用不合格或超试验周期的设备（特指智能安全帽、智能接地线）。

三、智能安全设备常用种类

安全智能设备系指公司统一配置的布控球、智能安全帽、智能接地线等装备。

（一）布控球

放置于作业现场，可远程遥控布控球摄像头方向，查看现场实施画面。布控球设备清单见表4-6。

表4-6　布控球（箱子、支架）设备清单

序号	类型	物料名称	数量
1	箱子	布控球金属箱，520mm×330mm×210mm	1
2	箱内	布控球	1
3		布控球专用座充	1
4		适配器，KPL–060F，桌面型，12V，5A，60W，航空头，V级	1
5		电源转接线，MINI DIN4/M 转 16M–6B，150mm，黑	1
6		U 锂离子电池，INR 18650–35E–2S4P–2，13.4Ah，7.2V	2
7		布控球主航空头复合线缆	1
8		布控球的安全绳	1
9		车载适配器，TL–060F，10–30Vin，12V，5A，6芯，非隔离	1
10		交流电源线，国标，弯三插转 C13，RVV3×0.75，1.2m，黑	1
11		C92– 螺丝刀（配件）	1
12		布控球十芯航空头复合线缆，345cm，多色	1
13		螺丝 SC–CM2×4T6B–NL–SUS	4
14		布控球快速指南 V5.2.3	1
15		128G 存储卡（安装在布控球内）	1
16	支架	布控球三脚架	1
17		布控球固定盘	1

（二）智能接地线

用于停电作业现场接地使用，可远程查看接地线装设的地理位置，接地线装设状态。智能接地线设备清单见表4–7。

表4-7 智能接地线设备清单

接地线产品名称	接地棒（钩）或接地线夹（个）	通信转发控制器数量（个）	监测模块数量（个）	充电座	控制器固定扎带（根）	充电器电源	产品使用说明书（份）	专用的接地棒（钩）袋
便携式短路接地线	3	1	3	1	3	1	1	1
个人保安线	1	1	1	1	3	1	1	1
线路地线，短路接地线	1	1	1	1	3	1	1	1

（三）智能安全帽

用于工作负责人现场使用，可远程查看工作负责人地理位置，杜绝工作负责人不在现场情况的发生。智能安全帽设备清单见表4-8。

表4-8 智能安全帽设备清单

序号	物料名称	数量
1	智能安全帽	1顶
2	电池	1块
3	数据线	1根
4	说明书合格证（2合1）	1本

四、使用要求

智能安全设备的领用、归还应履行交接和登记手续。领用时，保管人和领用人应共同确认安全智能设备的有效性和完整性，满足要求后（设备齐全、外观完好、电量充足），方可出库。归还时，保管人和使用人应共同进行清洁整理和检查确认，检查合格的返库存放，不合格或超试验周期的应另外存放，做出"禁用"标识，停止使用。安全智能设备领用登记表参照表4-4。

（一）布控球

1.高风险作业（三级及以上作业风险、10kV及以上停电作业）应全部、全程使用布控球，关联作业计划使用率应达到100%。

2.办理工作票（不含派工单）的工作，应根据实际情况使用布控球，提高整体使用率。

3.使用前的检查：现场使用人员应提前检查布控球充电、网络情况，确保现场使用、视频上传正常，无法正常使用的布控球应及时联系更换、处理。

4.工作前的开机：工作负责人到达现场后，将布控球架设好后正常开机，镜头对准施工现场，应确保布控球能覆盖整个作业现场，不得遮挡、损毁视频设备，不得阻碍视频信息上传。如果镜头不能对准现场，通过远程调节，切勿用手直接拨动。

5.开工前的关联：打开安管App，进入作业计划，扫码或输入设备编号关联布控球；关联成功后点开工，作业完工前不要对设备进行解绑操作，如果误操作要解绑，请及时关联正确设备，否则会影响布控球关联记录。

6.作业过程中布控球应全程开机；作业完工后应关闭布控球，减少不必要的流量消耗，完工后设备和计划会自动解绑。

（二）智能安全帽

1. 智能安全帽应满足办理工作票（不含派工单）的工作使用，并根据实际情况推广使用智能安全帽，提高整体使用率。

2. 开工前的关联：打开安管 App，进入作业计划，扫码或输入设备编号关联智能安全帽，关联成功后点开工。

（三）智能接地线

1. 智能接地线应满足 10kV 及以上停电作业使用，并根据实际情况推广使用智能接地线，提高整体使用率。

2. 开工前的关联：打开安管 App，进入作业计划，扫码或输入设备编号关联智能接地线，关联成功后点开工。

第五章　应急管理

本章主要介绍了供电所应急管理基本要求、应急处置方案编制要求、现场处置方案框架内容以及安全事故处置报告以及相关表格等内容。

第一节　供电所基本要求

应定期组织开展应急演练，每两年至少组织一次综合应急演练或社会应急联合演练，每年至少组织一次专项应急演练。

管辖区域内发生突发事件后，事发单位要做好先期处置，并及时向上级和所在地人民政府及有关部门报告。根据突发事件性质、级别，按照分级响应要求，组织开展应急处置与救援。突发事件应急处置工作结束后，相关单位应对突发事件应急处置情况进行调查评估，提出防范和改进措施。

第二节　现场应急处置方案

现场处置方案是针对具体的装置、场所或设施、岗位所制定的应急处置措施。现场处置方案应具体、简单、针对性强。

现场处置方案应根据风险评估及危险性控制措施逐一编制，做到事故相关人员应知应会，熟练掌握，并通过应急演练，做到迅速反应、正确处置。

第三节　现场处置方案框架内容

一、事故特征

1.危险性分析，可能发生的事故类型；

2.事故发生的地点或设备的名称；

3.事故可能发生的季节和造成的危害程度；

4.事故前可能出现的征兆。

二、应急组织与职责

1.基层单位应急自救组织形式及人员构成情况；

2.应急自救组织机构、人员的具体职责，应同单位或车间、班组人员工作职责紧密结合，明确相关岗位和人员的应急工作职责。

三、应急处置

1.事故应急处置程序。根据可能发生的事故类别及现场情况，明确事故报警、各项应急措施启动、应急救护人员的引导、事故扩大及同企业应急预案的衔接的程序。

2.现场应急处置措施。针对可能发生的设施毁坏、设备着火、爆炸、水患、重要用户停电等，从现场处置、事故控制、人员救护、消防、停电恢复等方面制定明确的应急处置措施。

3.报警电话及上级管理部门、相关应急救援单位联络方式和联系人员，事故报告的基本要求和内容。

4.针对供电所层面可能出现的应急突发事件，参照图5-1~图5-5开展应急工作。

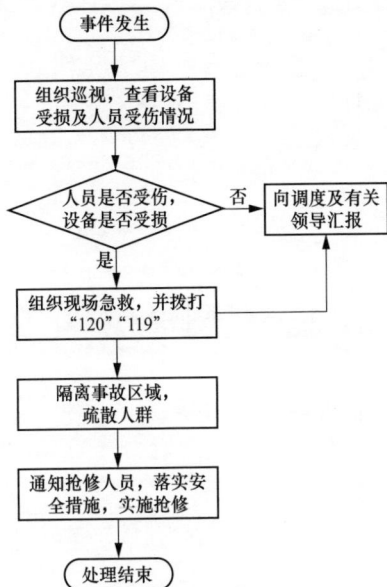

图 5-1 应对突发倒杆断线事件现场
　　　处置方案

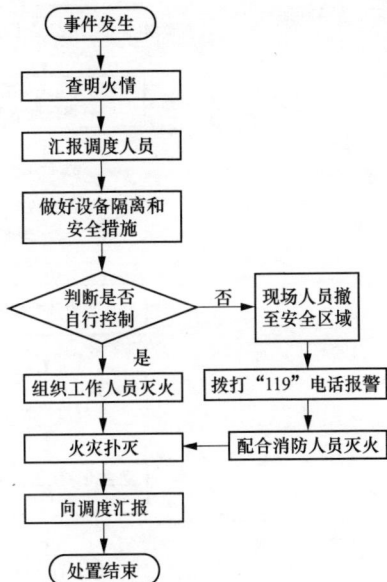

图 5-2 应对突发配电设备火灾现场
　　　处置方案

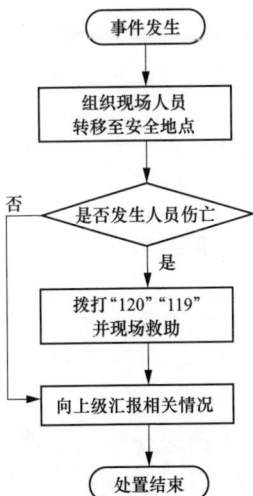

图 5-3 应对突发山体滑坡灾害现场
　　　处置方案

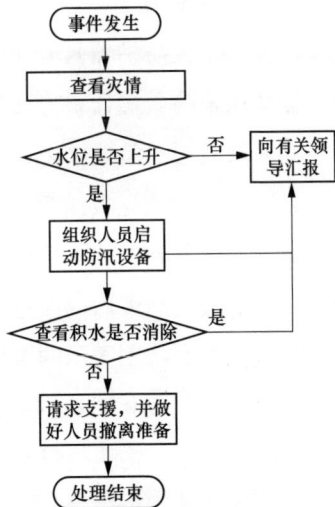

图 5-4 应对汛期灾害现场处置方案

```
                    ┌─────────┐
                    │ 事件发生 │
                    └────┬────┘
                         │
              ┌──────────┴──────────┐
              │ 现场人员现场勘查,    │
              │   收集现场情况       │
              └──────────┬──────────┘
                         │
                  ╱──────┴──────╲        否
                 ╱ 是否出现设备受损 ╲──────────┐
                 ╲               ╱          │
                  ╲──────┬──────╱           │
                         │是                 │
              ┌──────────┴──────────┐  ┌──────┴──────┐
              │  收集设备受损情况    │  │ 向上级汇报   │
              └──────────┬──────────┘  └─────────────┘
                         │
              ┌──────────┴──────────┐
              │ 采取措施防止事态扩大,│
              │   做好抢修前准备      │
              └──────────┬──────────┘
                         │
              ┌──────────┴──────────┐
              │ 配合抢修队伍,完成现  │
              │     场抢修           │
              └──────────┬──────────┘
                         │
                    ┌────┴────┐
                    │ 处置结束 │
                    └─────────┘
```

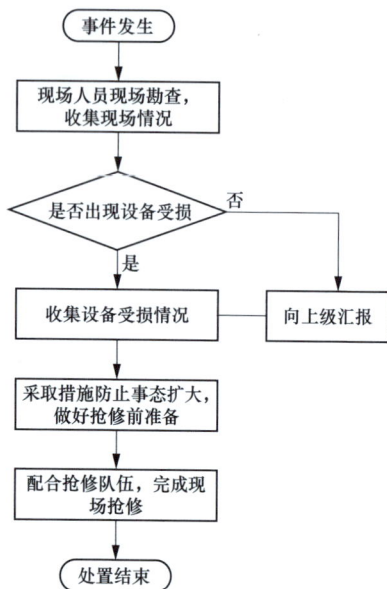

图 5-5　应对雨雪冰冻灾害现场处置方案

四、注意事项

1. 佩带个人防护器具方面的注意事项;

2. 使用抢险救援器材方面的注意事项;

3. 采取救援对策或措施方面的注意事项;

4. 现场自救或互救注意事项;

5. 现场应急处置能力确认和人员安全防护等事项;

6. 应急救援结束后的注意事项;

7. 其他需要特别警示的事项。

供电所应收集相对应的突发事件处置方案和应急处置卡,定期组织开展演练,并将执行情况存入应急管理档案盒。

五、涉及的现场应急处置卡目录

根据《国家电网公司应急预案编制规范》(国家电网安监

〔2007〕98号），编制了供电所应急处置卡目录（见表5-1）。

表5-1 供电所应急处置卡目

序号	应急处置卡名称	对应现场处置方案名称
1	地质灾害应急处置卡	办公楼工作人员应对突发山体滑坡灾害现场处置方案
		杆塔作业人员应对突发山体滑坡灾害现场处置方案
		配电线路维护人员应对地陷坍塌灾害现场处置方案
2	突发触电事故应急处置卡	作业人员应对突发低压触电事故现场处置方案
		作业人员应对突发高压触电事故现场处置方案
3	突发高处坠落、物体打击事故应急处置卡	作业人员应对突发高处坠落事件现场处置方案
		作业人员应对物体打击伤亡事件现场处置方案
4	突发坍（垮）塌事件应急处置卡	作业人员应对突发坍（垮）塌事件现场处置方案
5	动物（犬）袭击事件应急处置卡	作业人员应对动物（犬）袭击事件现场处置方案
6	突发落水事件应急处置卡	作业人员应对突发落水事件现场处置方案
7	倒杆断线事件应急处置卡	作业人员应对突发倒杆断线事件现场处置方案
8	突发交通事故应急处置卡	工作人员应对突发交通事故现场处置方案
9	设备火灾爆炸应急处置卡	作业人员应对突发变压器火灾现场处置方案
		作业人员应对电缆火灾现场处置方案

续表

序号	应急处置卡名称	对应现场处置方案名称
10	山林火灾现场应急处置卡	工作人员应对输电线路附近山火事件现场处置方案
11	办公场所火灾现场应急处置卡	办公大楼工作人员应对突发火灾现场处置方案
12	网络信息安全事件应急处置卡	信息内网邮件系统突发事件现场处置方案
13	新闻突发事件应急处置卡	工作人员应对突发事件新闻媒体采访现场处置方案
14	外人强行进入、破坏工作场所事件应急处置卡	办公楼工作人员应对外来人员强行进入办公楼事件现场处置方案
		作业人员应对生产作业、施工现场阻挠或破坏事件现场处置方案

第四节　安全事故的处置

一、安全事件（事故）即时报告的要求

1. 供电所事故发生后，事故现场有关人员应当立即向现场负责人报告。现场负责人接到报告后，应立即向供电所主任报告。情况紧急时，事故现场有关人员可以直接向供电所主任报告。

2. 发生八级以上人身事件（含八级，下同）、八级以上电网事件、八级以上信息系统事件时，供电所应立即将事故情况上报至公司安全监察部。

3. 即时报告可采用电话、手机短信、微信、电子邮件、传真等方式，应确保时效性，内容简明清楚。即时报告后事故出现新情况的，应当及时补报。

4. 即时报告内容包括事故发生时间、地点、单位；事故发生简

要经过、伤亡人数、直接经济损失的初步估计；电网停电影响、设备损坏、应用系统故障和网络故障的初步情况；事故发生原因的初步判断等。

二、安全事件处置情况格式

当供电所发生人身（涉外）安全事件时，应根据调查情况填写安全事件处置情况表（见表5–2）。

表5-2　人身（涉外）安全事件处置情况表

单位名称				受害人	
岗　位		年　龄		工　龄	
事故发生时间		事故发生地点			
事故类别		事故性质		事故类型	
事情经过：					
事故原因分析：（说明发生事故的起因物、致害物、不安全状态、不安全行为，间接原因和直接原因）					
事故处理结果：（按照四不放过的原则）					
调查人：				日期：	

三、安全事件统计格式

根据《国家电网公司安全事故调查规程》（国家电网安监〔2011〕2024号），编制安全事件（事故）统计表（见表5-3）。

表5-3　安全事件（事故）统计表

序号	发生日期及时间	事件（事故）概况	直接原因	责任班组	责任人	下一步措施	备注
1							
2							
3							

第六章 安全奖惩

本章主要介绍了安全奖惩相关内容，包括公司级奖励、季度奖励、基层单位奖励、违章记分原则、违章记分标准以及违章记分处罚等有关内容。

第一节 安全奖励

一、公司级奖励

（一）年度集体奖项

1. 安全生产红旗班组：每年从各单位上报安全生产先进班组中评选 × 个安全生产红旗班组，授予"安全生产红旗班组"称号，并按班组定员人数给予奖励。

2. 安全生产先进集体（班组级）：每年评选 × 个（含安全生产红旗班组）安全生产先进集体，授予"安全生产先进班组"称号，并按集体定员人数给予奖励。

（二）年度个人奖项

1. 安全生产标兵：每年面向生产一线人员从各单位上报安全生产先进个人中评选 × 名安全生产标兵，授予"安全生产标兵"称号并给予奖励。

2.安全卫士：每年面向安全监督人员评选 × 名安全卫士，授予"安全卫士"称号并给予奖励。

3.安全履责标兵：每年面向各级管理人员评选 × 名安全履责标兵，授予"安全履责标兵"称号并给予奖励。

4.安全生产先进个人：每年评选 × 名（含安全生产标兵）安全生产先进个人，授予"安全生产先进个人"称号并给予奖励。

5.优秀三种人：每年评选 × 名优秀三种人，授予"优秀三种人"称号。

二、季度奖励

（一）标准化安全作业现场奖，即"两票"及现场作业无差错奖，对工作票合格、操作票无差错、标准化作业现场的人员进行奖励。

（二）无违章班组奖：每季度组织开展"无违章班组"创建活动。

"无违章班组"应满足以下条件：

1.班组全体成员在各级《安规》考试中一次性合格。

2.班组反违章自查自纠考核记录齐全。

3.创建期内班组接受监督检查（指本单位安监部门、对口专业管理部门及上级单位组织的安全稽查、安全检查、输变电工程安全责任量化考核等检查）无违章记分（不包括班组层面自查自纠违章）。

4.积极创建标准化安全作业现场，参照公司标准化安全作业现场创建综合评价考核，班组创建得分在本单位排在前三名。

（三）属地化管理奖：对每季度认真落实 220kV 及以下电网、通信网属地化管理工作，推进电网及通信网建设重大项目落地；及时发现电力设施或网络信息通信系统存在的安全风险并采取措施消除风险，避免发生八级及以上安全事件或信息系统事件的单位给予奖励。

三、基层单位奖励

各单位应参照公司年度奖项，设置安全生产年度集体奖项、年度个人奖项及年度专项奖。

（一）年度集体奖项：每年评选适当数量的安全生产红旗集体、安全生产先进集体。

（二）年度个人奖项：每年评选适当数量的安全生产标兵、安全卫士、安全履责标兵、安全生产先进个人、优秀三种人。

（三）年度专项奖：各单位每年评选适当数量的配电线路无外破奖、安全管理奖、变电站安全运维奖、千次操作无差错奖。

各单位应结合本单位实际，设置本单位层面的专项奖，包括不仅限于：突出贡献奖、标准化安全作业现场奖（即"两票"及现场作业无差错奖）、无违章班组奖、属地化管理奖等。各单位可根据本单位人均收入水平对奖励标准进行调整，单项奖励最高档金额一般应控制在人均收入水平的 10% 之内。

第二节 安全违章处罚

一、违章记分原则

（一）推行违章"双记分"管理，根据违章种类和违章性质，对违章单位、违章责任人分别记分。

（二）对于以下情况不重复处罚：

1.各班组、各单位自查发现"两票"违章，按规定在"两票"上做出批注并更正错误。

2.各班组自查处罚的违章、各单位稽查处罚的违章。

3.对于作业安全风险管控系统远程稽查发现的违章，各单位已于作业终结后 2 天内在系统上传安全稽查处罚单。

（三）同一作业现场涉及多起违章，应累计记分。

二、违章记分标准

（一）《典型违章记分标准》中违章记分分为三档，分别为一般违章记 2 分，严重违章记 4 分，恶性违章记 6 分。

（二）对违章单位按标准分值进行记分。

（三）对系统内单位违章直接责任人及连带责任人，按以下规定记分：

1. 一般违章：直接责任人记 2 分，负有连带责任的专责监护人、工作负责人、班组长分别记 2 分。

2. 严重违章：直接责任人记 4 分，负有连带责任的专责监护人、工作负责人、班组长分别记 4 分，县级公司专业部门有关人员和分管副职分别记 2 分。

3. 恶性违章：直接责任人记 6 分，负有连带责任的专责监护人、工作负责人、班组长分别记 6 分，县级公司专业部门有关人员、分管副职分别记 4 分，地市级公司专业部门有关人员和县级公司正职分别记 2 分。

三、安全生产违章处罚

（一）违章记分处罚。

各单位查处的违章可执行各单位安全工作奖惩实施操作规范中的违章经济处罚标准。

（二）违反国家电网公司生产作业现场"十不干"处罚。

1. 对违反国家电网公司生产作业现场"十不干"的责任人，给予待岗 3 个月处理，年度绩效等级直接评定为 D 级。

2. 同一单位违反国家电网公司生产作业现场"十不干"禁令达 2 次，对单位主要负责人进行约谈；违反达 3 次，对单位领导按照安全履责不到位进行处罚。

3. 对违反国家电网公司生产作业现场"十不干"并且造成安全事故的责任人，按照相关事故处罚条款上浮一级进行处罚。

（三）下列原因导致七级至四级的安全事件，按四级事件负主要及同等责任处罚：

1. 恶性电气误操作。

2. 不停电、不验电、不装设接地线。

3. 无票工作。

4. 工作负责人不在现场。

第七章　工作负责人管理

本章主要介绍了工作负责人管理相关要求，包括工作负责人管理原则、工作负责人基本资格与条件及工作负责人履职考核积分细则等内容。

第一节　工作负责人管理原则

工作负责人管理必须坚持下列原则：

1. 分级分层、"谁用谁管"；

2. 公开、竞争、择优；

3. 业绩导向与违章考核相结合；

4. 责任与能力匹配，风险与收益对等；

5. 侧重基层安全生产、侧重一线员工发展。

第二节　基本资格与条件

一、工作负责人基本条件

1. 具有安全第一、预防为主的工作理念，有较强的安全管理意识和能力；具备较强的事业心和责任感，在安全生产一线能够发挥示范引领作用，尽职尽责、爱岗敬业；

2.符合本专业安全工作规程规定的工作负责人基本条件，且参加安规考试成绩合格；

3.技能类岗位的员工应具备初级工及以上技能等级，技术类岗位的员工应具备初级及以上专业技术资格；

4.具有两年及以上安全生产工作经历。

二、工作负责人层级

公司认定的工作负责人分为四类，供电所主要涉及"Ⅱ类""Ⅲ类"和"Ⅳ类"。各级工作负责人应具备以下安全素质、能力水平和专业资格：

（一）Ⅰ类工作负责人

1.正确办理大型施工现场总、分工作票，安全施工作业票的能力；

2.正确布置现场安全措施，指挥、协调三级及以上作业风险的能力；

3.开展作业现场应急处置能力；

4.二级及以上安全技术等级认证资格；

5.技能类岗位的员工应具备中级工及以上技能等级，技术类岗位的员工应具备中级及以上专业技术资格；

6.上年绩效考核等级达到B级及以上。

（二）Ⅱ类工作负责人

1.正确办理工作票的能力；

2.正确布置现场安全措施，指挥、协调作业的能力；

3.开展作业现场应急处置能力；

4.三级及以上安全技术等级认证资格；

5.技能类岗位的员工应具备中级工及以上技能等级，技术类岗位的员工应具备中级及以上专业技术资格。

（三）Ⅲ类工作负责人

1. 正确办理工作票（单）的能力；

2. 正确布置现场安全措施，指挥、协调作业的能力；

3. 二级及以上安全技术等级认证资格。

（四）Ⅳ类工作负责人

1. 正确组织现场工作的能力；

2. 具备检查、完善、执行工作票所列的安全措施，正确监督工作班成员遵章守纪，执行现场安全措施的能力。

三、取消工作负责人资格标准

1. 年度内造成责任性安全事故的；

2. 年度内发生违反十二项禁令等恶性违章行为且作为第一责任人被考核的；

3. 年度内未填写票（单）或未创建标准化作业现场的；

4. 年度内被省公司、公司记违章扣分累计 12 分及以上的；

5. 参加省公司、市公司组织安规考试成绩不及格的，或经公司考核后能力达不到聘用资格要求的；

6. 退出现工作负责人岗位，或转到管理类、服务类岗位的。

第三节　工作负责人履职考核积分细则

工作负责人选拔采用积分机制。公司工作负责人积分总分 100 分，分别从"两票"填写（30%）、标准化现场创建（30%）、安规考试（5%）、安全技术等级认证（5%）、能力素质测评（10%）、违章考核（20%）六个维度，对工作负责人工作业绩、行为规范和能力素质进行累积积分。

个人积分 = "两票"填写积分 + 标准化现场创建积分 + 安规考试积分 + 安全技术等级认证积分 + 能力素质测评 + 违章考核积分

一、"两票"填写

根据工作负责人上年度填写的工作票数量和作业类别进行赋分积分，如表 7-1 所示。该项积分不超过 30 分。

表 7-1 "两票"填写标准表

评价项目	赋分值	积分说明
Ⅰ类作业	0.3 × 工作票数量	1. 发生违章考核的工作票不参与积分。
Ⅱ类作业	0.15 × 工作票数量	2. 工作票评价为"不合格"的不参与积分

二、标准化现场创建

根据工作负责人上年度标准化现场创建数量和作业类别进行赋分积分，如表 7-2 所示。该项积分不超过 30 分。

表 7-2 标准化作业现场创建标准表

评价项目	赋分值	积分说明
A 类作业	0.6 × 标准化现场创建个数	未通过标准化评审的作业现场的不参与积分
B 类作业	0.3 × 标准化现场创建个数	
C 类作业	0.2 × 标准化现场创建个数	

三、安规考试

根据工作负责人上年度参加省公司、市公司安规普考的个人平均成绩进行赋分积分，如表 7-3 所示。

表 7-3　安规考试标准表

评价项目		赋分值	积分说明
省公司组织	100 分	5	1. 年度参加省、地市公司安规考试的，安规考试积分 =0.6×省公司成绩附分值 +0.4× 地市公司成绩附分值。 2. 年度考试成绩 90 分以下、缺考、弃考的工作负责人，该项积分为 0。 3. 参加省公司及以上安规抽考获得优异成绩者，予以加分；不合格者，予以减分
	95~99 分	4	
	90~94 分	2	
地市公司组织	100 分	5	
	95~99 分	4	
	90~94 分	2	

四、安全技术等级认证

根据工作负责人上年度安全技术等级认证情况进行赋分积分，如表 7-4 所示。

表 7-4　安全技术等级认证标准表

评价项目		赋分值
安全技术等级认证	一级	5
	二级	3
	三级	2

五、能力素质测评

各单位对工作负责人的专业能力和综合素质进行测评，测评方式包括但不限于现场考问、笔试或面试等方式。该项满分为 10 分。

六、违章考核

根据工作负责人上年度违章考核情况进行核减积分，如表 7-5 所示。该项满分为 20 分，核减积分最多不超过 20 分。

表7-5　违章考核标准表

评价项目		核减值	积分说明
被省公司记分	一般违章	违章次数 × 分值 × 1.0	1. 依据个人年度内被省、市、县三级记分情况进行核减分。2. 依据违章性质进行核减分，被连带考核的，按照考核分值匹配违章性质，再进行核减分（如严重违章被连带考核记2分，按一般违章进行核减分）。3. 发生恶性违章的，直接取消工作负责人资格。4. 领导稽查、专业稽查、班组稽查不纳入考核
	严重违章	违章次数 × 分值 × 1.0	
被市公司记分	一般违章	违章次数 × 分值 × 0.5	
	严重违章	违章次数 × 分值 × 0.5	
被县（市）公司记分	一般违章	违章次数 × 分值 × 0.25	
	严重违章	违章次数 × 分值 × 0.25	

第八章 "两票一单"样例

本章主要介绍了"两票一单"样例 21 项，其中配电派工单样例 5 项，配电线路倒闸操作票样例 4 项，配电故障紧急抢修单样例 5 项，低压工作票样例 2 项，配电一种票样例 2 项，配电二种票样例、配电带电作业工作票样例、现场勘查记录样例各 1 项。

样例 1：现场勘察记录

国网 ×× 县供电公司（李楼供电所）

配电现场勘察记录

勘察单位：李楼供电所　　　　　　部门（或班组）：运维班

编号：2020030001　　　　　　　　勘察负责人：李 ×

勘察人员：刘 ××、杨 ××、邹 ×

勘察的线路名称或设备双重名称（多回应注明双重称号及方位）：

10kV 郑明一回（郑 56- 明 70）郑 56—C1 段（面向大号侧：左线）；

10kV 郑明二回（郑 58- 明 56）郑 58—C1 段（面向大号侧：右线）

工作任务［工作地点（地段）和工作内容］：1.10kV 郑明一回（郑 56- 明 70）郑 56—郑 560 段（左线）新敷设电缆制作电缆终端头及电缆试验，并接入郑 566 刀闸和郑 560 刀闸；2.10kV 郑明一回（郑

56– 明 70）#6 杆（左线）—变电分支 #4 杆将原 LGJ25 架空裸导线更换为 JKLYJ–70 架空绝缘导线

现场勘察内容：

1. 工作地点需停电范围： 10kV 郑明一回（郑 56– 明 70）线路郑（56—C1）段； 10kV 郑明二回（郑 58– 明 56）线路郑（58—C1，南湖二分支 1HZ1）段；
2. 保留的带电部位： 10kV 郑明一回（郑 56– 明 70）线路郑 561 刀闸静触头及以上； 10kV 郑 55 间隔；10kV 郑 57 间隔；10kV 郑 58 间隔
3. 作业现场的条件、环境及其他的危险点〔应注明交叉、邻近（同杆塔、并行）电力线路；多电源、自发电情况；地下管网沟道及其他影响施工作业的设施情况〕： （1）**来电风险**：郑明一回郑 560 至 C1 段与郑明二回郑 580 至 C1 段为共杆双电源线路（左、右排列），郑明二回 #01 塔 T 南湖二分支 1H 环网柜为南湖宾馆双回路专变用户的备供线路，工作时需将两条线路同时停电；并将南湖二分支 1HZ1 开关断开后，在靠线路侧验电接地；（2）**反送电风险**：变电分支 #04 杆 T 接变电生活 500kVA 室内变，配变安装在地面上，低压室 0.4kV 配电柜有总隔离开关和分开关，开关未编号；（3）**误入带电间隔风险**：郑家山变电站内电缆接入郑 566 刀闸的工作，两侧相邻间隔郑 55、郑 57 带电；郑 58 间隔配合停电，后柜门已打开且装有接电线，有走错间隔的风险；（4）**感应电风险**：电缆工作需接入郑 566 刀闸，566 靠线侧无法装设接地线，且郑 561 刀闸动触头距离带电母线较近；（5）**高坠、机械伤害风险**：本次工作有登高作业和斗臂车配合登高作业；（6）**倒杆、物体打击风险**：本次换线采取人工放线，收线车紧线方式；变电分支 #03 杆为转角杆，转角角度为 90°，内角中心线反方向有一组永久拉线；变电分支 #04 终端杆顺线路方向大号侧有一组永久拉线；郑明一、二回 #06 杆（共杆）为重力耐张杆，顺分支线路反方向为内环路，无拉线；（7）**划伤、灼（烫）伤风险**：变电站内的电缆终端采取冷缩制作，站外的郑 560 刀闸户外电缆终端采取热缩方式；（8）**试验风险**：新电缆两端电缆头制作完毕后，接入设备前需做电缆交接试验；（9）**环境风险**：工作区段主线 #1 杆至 C1 段为绝缘导线，且邻近内环路，过往行人、车辆较多；（10）**现场条件**：郑明一、二回 #07 杆（共杆）大、小号两侧都装有验电接地环

4.应采取的安全措施（应注明：接地线、绝缘隔板、遮栏、围栏、标示牌等装设位置）：

（1）**县调**：① 断开郑明一回：郑56、郑561、郑566、C1、C11、C12；② 断开郑明二回：郑58、郑581、郑586、C1、C11、C12、南湖二分支1HZ1；③ 推上南湖二分支1HZ17地刀；

（2）**变电运维人员**：① 在郑明一回郑56开关与郑566刀闸之间验电接地；② 在郑明二回郑586刀闸靠线路侧验电接地；③ 分别在郑明一回郑56间隔、郑明二回郑58间隔前柜门操作面板上，悬挂"禁止合闸，线路有人工作！"警示牌；④ 在郑56间隔后柜门工作区域设置一副围栏，围栏入口处悬挂"从此进出！"，并在围栏面向内悬挂"止步，高压危险！"警示牌；⑤ 在郑明一回郑561刀闸上装设一副绝缘罩，并在郑56间隔后柜门上悬挂"在此工作！"标志牌；⑥ 在郑56间隔相邻的郑55、郑57、郑58后柜门上悬挂"止步，高压危险！"警示牌；

（3）**工作班组**：① 在郑明一、二回#01杆、#06杆（共杆）按坠落半径设置工作围栏，在围栏四周面向外悬挂"止步，高压危险！"警示牌，工作围栏入口处悬挂"从此进出！"标示牌；② 在郑明一、二回#07杆（共杆）设置一副封闭围栏，并在四周悬挂"止步，高压危险！"警示牌；③ 在郑明一回#01—#07杆道路两侧适当位置分别设置"电力施工，车辆慢行！"警示牌；④ 在变电分支#1—#4杆按坠落半径设置围栏，并在围栏四周面向外悬挂"止步，高压危险！"警示牌；⑤ 断开变电分支#04杆T变电生活变0.4kV配电柜总隔离开关，并在0.4kV总隔离开关操作把手上悬挂"禁止合闸，线路有人工作！"警示牌；⑥ 在变电生活变压器室内的配变高压桩头处、郑明一回#7杆小号侧（左线）、郑明二回#7杆小号侧（右线）分别验电接地

5.附图与说明：（见另页面）

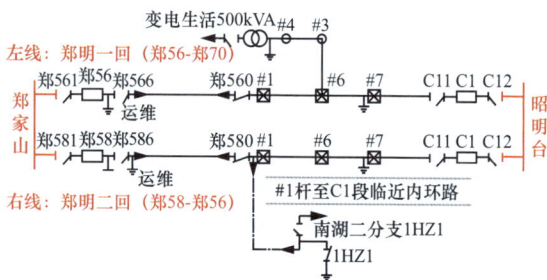

记录人：李×、刘×、杨×、邹×　　　勘察时间：2020年03月26日15时

样例2：配电第一种工作票样例"配电变压器增容"

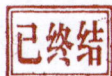

已终结

国网××供电公司（李楼供电所）

配电第一种工作票（李）字第 2020030001 号

本工作票依据　县　调字（202003XXXX）号设备检修票许可

1. 工作负责人：　张××　　　　班组：　运维班　

2. 工作班成员（不包括工作负责人）：

　肖××、徐××、毕××、刘××；吊车司机田××　　　共　5　人

3. 工作任务：

工作地点或设备【注明变（配） 电站、线路名称、设备双重名称及起止杆号】	工作内容
10kV 郑明五回（郑 65- 明 60）线路 #21 杆（上线） T 歌舞团 200kVA 公变	更换配变

4. 计划工作时间：

自 2020 年 03 月 28 日 09 时 00 分至 2020 年 03 月 28 日 12 时 00 分

5. 安全措施〔应改为检修状态的线路、设备名称，应断开的断路器（开关）、隔离开关（刀闸）、熔断器，应合上的接地刀闸，应装设的接地线、绝缘隔板、遮栏（围栏）和标示牌等，装设的接地线应明确具体位置，必要时**可附页绘图说明**〕

5.1　调控或运维人员（变配电站、发电厂）应采取的安全措施	已执行
向配电运维人员申请：	
（1）断开郑明五回 #21 杆 T 歌舞团公变 0.4kV D01、D02、D00 开关；10kV 三相高压跌落保险、三相带电线夹	√
（2）歌舞团公变 0.4kV D02 线路 2F1 分电箱母排处验电接地（编号：0.4kV#01），编号由配电运维许可人填写	√
（3）歌舞团公变 0.4kV D01 线路 #01 杆（下线）大号侧验电接地（编号：0.4kV#02），编号由配电运维许可人填写	√

5.2　工作班完成的安全措施	已执行
（1）在 10kV 郑明五回 #21 杆 T 歌舞团公变周围设置围栏，在围栏入口处设置"从此进出"标识牌，在围栏四周面向外悬挂"止步，高压危险！"警示牌，在变压器处设置"在此工作"标识牌	√
（2）在工作围栏沿道路两侧适当位置分别设置"电力施工，车辆慢行"警示牌	√

5.3　工作班装设（或拆除）的接地线			
线路名称或设备双重名称和装设位置	接地线编号	装设时间	拆除时间
无			

5.4　保留或邻近的带电线路、设备：

　　10kV 郑明五回（郑 65– 明 60）线路 #21 杆（上线）

5.5　其他安全措施和注意事项：

　　（1）到达工作现场后，工作负责人应召开班前会，进行"三交三查"，待工作成员全部清楚并无疑问后，履行签字确认手续。

　　（2）工作负责人在得到工作许可人肖 ×× 的许可，并确认本票 5.1 至 5.3 项安全措施确已全部落实后，方可下达开始工作的命令。

　　（3）工作中的"危险点分析及控制措施"：**防触电**：①高处作业时，工作人员、施工机具、材料、工具应与上层 10kV 带电线路设备保持 1m 以上安全距离；②吊车应与上层 10kV 带电线路设备保持 2m 以上安全距离，并可靠接地。**防高坠**：①登杆塔前，应先检查登高工具、设施，如脚扣、升降板、安全带、梯子和脚钉、爬梯、防坠装置等是否完整牢靠。禁止携带器材登杆或在杆塔上移位。禁止利用绳索、拉线上下杆塔或顺杆下滑。②高处作业应使用有后备绳或速差自锁器的双控背带式安全带。安全带和保护绳应分挂在杆塔，严禁低挂高用。**防物体打击：**高处作业人员应使用工具袋，防止工具及零部件掉落地面，上下传递物件应使用绳索，不得随意抛掷。**防机械伤害：**吊车应置于平坦、坚实的地面，吊车支腿使用垫木，车体要可靠接地；变压器起吊工作应专人指挥，起重指挥信号简明、统一、畅通、分工明确，由专业人员操作。**防起重伤害：**起吊变压器前，工作负责人应检查确认吊物绑扎牢靠，重物稍离地面，应再次检查捆绑情况，确认牢靠后方可继续起吊；起吊过程中，应使用晃绳防止重物摆动，吊臂和吊物下面，禁止有人逗留和通过；变压器未安装固定前，不得失去牵引保护。

（4）工作结束后，工作负责人与工作许可人肖××应认真进行"三检查"，确认无遗漏后办理工作终结手续。

工作票签发人签名：<u>李××</u> <u>2020</u>年<u>03</u>月<u>27</u>日<u>16</u>时<u>05</u>分
工作票双签发人签名：_____ ____年__月__日__时__分
工作负责人签名：<u>张××</u> <u>2020</u>年<u>03</u>月<u>27</u>日<u>16</u>时<u>10</u>分

5.6 其他安全措施和注意事项补充（由工作负责人或工作许可人填写）：

<u>无</u>（在作业现场，由工作许可人或工作负责人根据现场情况补充填写，没有补充措施就填"无"）

6. 工作许可：

许可的线路或设备	许可方式	工作许可人	工作负责人签名	许可工作的时间
10kV 郑明五回线路 #21 杆（上线）T 歌舞团台区	当面	肖××	张××	03 月 28 日 09 时 32 分

7. 工作任务单登记：

工作任务单编号	工作任务	小组负责人	工作许可时间	工作结束报告时间

8. 现场交底，工作班成员确认工作负责人布置的工作任务、人员分工、安全措施和注意事项并签名：

　肖×× 徐×× 毕×× 刘×× 田××

现场接地线已装设完毕，工作于 <u>2020</u> 年 <u>03</u> 月 <u>28</u> 日 <u>09</u> 时 <u>50</u> 分开始。

9. 人员变更

9.1　工作负责人变动情况：原工作负责人_____离去，变更_____为工作负责人。

工作票签发人_____　_____年___月___日___时___分

原工作负责人签名确认：_____新工作负责人签名确认：_____

_____年___月___日___时___分

9.2　工作人员变动情况：

新增人员	姓　名				
	变更时间				
离开人员	姓　名				
	变更时间				

工作负责人签名：_____

10. 工作票延期：有效期延长到_____年___月___日___时___分。

　　工作负责人签名：_____　_____年___月___日___时___分

　　工作许可人签名：_____　_____年___月___日___时___分

11. 每日开工和收工记录（使用一天的工作票不必填写）：

收工时间	工作负责人	工作许可人	开工时间	工作许可人	工作负责人

12. 工作终结：

12.1　工作班现场所装设接地线共__0__组、个人保安线共__0__组已全部拆除，工作班人员已全部撤离现场，材料工具已清理完毕，杆塔、设备上已无遗留物。

12.2　工作终结报告：

终结的线路或设备	报告方式	工作负责人	工作许可人	终结报告时间
10kV 郑明五回线路 #21 杆（上线）T 歌舞团台区	当面	张 ××	肖 ××	03 月 28 日 11 时 50 分

13. 备注：

13.1　指定专责监护人__肖 ××__负责监护__和指挥田 ×× 进行变压器起吊作业__（地点及具体工作）

13.2　其他事项：__经检查，本票 5.1 栏操作接地线已满足现场作业需求。__

14. 附图

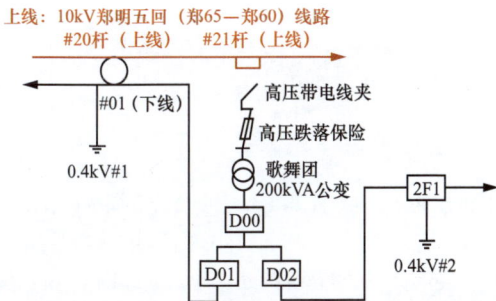

样例 3：配电第一种工作票样例 "更换台区高压跌落保险"

已终结

国网 ×× 供电公司（李楼供电所）

配电第一种工作票（李）字第 2020030001 号

本工作票依据 县 调字（ 202003XXXX ）号设备检修票许可

1. 工作负责人： 张 ××　　　　班组： 运维班

2. 工作班成员（不包括工作负责人）：

　 肖 ××、徐 ××、毕 ××　　　　　　　　　　共　3　人

3. 工作任务：

工作地点或设备【注明变（配）电站、线路名称、设备双重名称及起止杆号】	工作内容
10kV 金桥线泥 67 线路洪庙五组分支 #08 杆（上线）T 洪庙五组 #2 公变	更换配变高压引下线及三相高压跌落保险

4. 计划工作时间：

自 2020 年 03 月 28 日 09 时 00 分至 2020 年 03 月 28 日 12 时 00 分

5. 安全措施［应改为检修状态的线路、设备名称，应断开的断路器（开关）、隔离开关（刀闸）、熔断器，应合上的接地刀闸，应装设的接地线、绝缘隔板、遮栏（围栏）和标示牌等，装设的接地线应明确具体位置，必要时可附页绘图说明］

5.1　调控或运维人员（变配电站、发电厂）应采取的安全措施	已执行
向县调申请：	
断开 10kV 金桥线 #123 杆 T 洪庙五组分支 F1、F11	√

5.2　工作班完成的安全措施	已执行
（1）在 10kV 洪庙五组分支 #08 杆 T 洪庙五组 #2 公变周围设置围栏，在围栏入口处设置 "从此进出" 标识牌，在围栏四周面向外悬挂 "止步，高压危险！" 警示牌，在跌落保险处设置 "在此工作" 标识牌	√

续表

（2）在工作围栏沿道路两侧适当位置分别设置"电力施工，车辆慢行"警示牌	√

5.3　工作班装设（或拆除）的接地线

线路名称或设备双重名称和装设位置	接地线编号	装设时间	拆除时间
洪庙五组 #2 公变 0.4kV D01 线路 #01 杆（下线）大号侧	0.4kV #01	03 月 28 日 09 时 30 分	03 月 28 日 12 时 00 分
洪庙五组 #2 公变 0.4kV D02 线路 #01 杆（下线）大号侧	0.4kV #02	03 月 28 日 09 时 32 分	03 月 28 日 12 时 01 分
洪庙五组分支 #08 杆（上线）小号侧	10kV #01	03 月 28 日 09 时 33 分	03 月 28 日 11 时 57 分
洪庙五组分支 #09 杆（上线）大号侧	10kV #02	03 月 28 日 09 时 36 分	03 月 28 日 11 时 51 分

5.4　保留或邻近的带电线路、设备：

无

5.5　其他安全措施和注意事项：

（1）工作负责人带领工作班成员进入工作现场后，应召开班前会，对工作班成员进行"三交三查"，待每个工作班成员清楚无疑问后，履行签字确认手续。

（2）工作负责人在得到工作许可人方××的许可，并确认本票 5.1 至 5.3 项安全措施确已全部落实后，方可下达开始工作的命令。

（3）工作中的"危险点分析及控制措施"：**防高坠：** ①登杆塔前，应先检查登高工具、设施，如脚扣、升降板、安全带、梯子和脚钉、爬梯、防坠装置等是否完整牢靠。禁止携带器材登杆或在杆塔上移位。禁止利用绳索、拉线上下杆塔或顺杆下滑。②高处作业应使用有后备绳或速差自锁器的双控背带式安全带。安全带和保护绳应分挂在杆塔，严禁低挂高用。**防物体打击**：高处作业人员应使用工具袋，防止工具及零部件掉落地面，上下传递物件应使用绳索，不得随意抛掷。

（4）工作结束后，工作负责人应认真进行"三检查"，确认无遗漏后，向工作许可人汇报完工。

（5）工作票终结后，工作负责人应召开班后会，总结讲评工作并做好记录。

工作票签发人签名：　李××　　2020年03月27日16时05分

工作票双签发人签名：　　　　　年　　月　　日　　时　　分

工作负责人签名：　张××　　2020年03月27日16时10分

5.6 其他安全措施和注意事项补充（由工作负责人或工作许可人填写）：

　　无（在作业现场，由工作许可人或工作负责人根据现场情况补充填写，没有补充措施就填"无"）

6. 工作许可：

许可的线路或设备	许可方式	工作许可人	工作负责人签名	许可工作的时间
10kV 金桥线 #123 杆 T 洪庙五组分支 F1 线路	电话	方××	张××	03 月 28 日 09 时 21 分

7. 工作任务单登记：

工作任务单编号	工作任务	小组负责人	工作许可时间	工作结束报告时间

8. 现场交底，工作班成员确认工作负责人布置的工作任务、人员分工、安全措施和注意事项并签名：

肖×× 徐×× 毕××

现场接地线已装设完毕，工作于 2020 年 03 月 28 日 09 时 50 分
开始。

9. 人员变更

9.1 工作负责人变动情况：原工作负责人_____离去，变更_____
为工作负责人。

工作票签发人_____ _____年___月___日___时___分

原工作负责人签名确认：_____新工作负责人签名确认：_____

_____年___月___日___时___分

9.2 工作人员变动情况：

新增	姓 名					
人员	变更时间					
离开	姓 名					
人员	变更时间					

工作负责人签名：_____

10. 工作票延期：有效期延长到_____年___月___日___时___分。

　　工作负责人签名：_____ ___年___月___日___时___分

　　工作许可人签名：_____ ___年___月___日___时___分

11. 每日开工和收工记录（使用一天的工作票不必填写）：

收工时间	工作负责人	工作许可人	开工时间	工作许可人	工作负责人

12. 工作终结：

12.1 工作班现场所装设接地线共 4 组、个人保安线共 0 组已全
部拆除，工作班人员已全部撤离现场，材料工具已清理完毕，杆
塔、设备上已无遗留物。

12.2　工作终结报告：

终结的线路或设备	报告方式	工作负责人	工作许可人	终结报告时间
10kV 金桥线 #123 杆 T 洪庙五组分支 F1 线路	电话	张 ××	方 ××	03 月 28 日 12 时 06 分

13. 备注：

13.1 指定专责监护人　肖 ××　负责监护　徐 ××、毕 ×× 高处作业更换高压跌落保险及引下线

（地点及具体工作）

13.2 其他事项：_____

_____

14. 附图

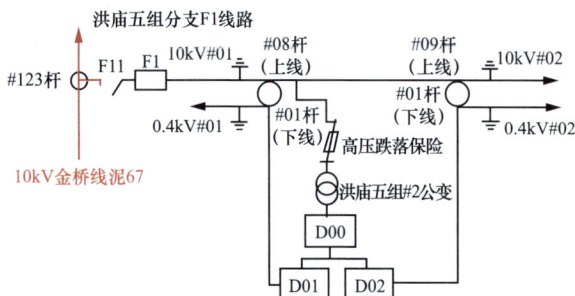

样例 4：配电第二种工作票样例"清理树障"

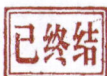

已终结

国网 ×× 供电公司（李楼供电所）

配电第二种工作票（李）字 第 2020030001 号

1. 工作负责人：<u>贾××</u> 班组：<u>运维班</u>

2. 工作班成员（不包括工作负责人）：<u>吴××、叶××、陆××（油锯）、薛××（斗臂车斗内操作人员）、梅××（斗臂车地面操作人员）</u> 共 <u>5</u> 人

3. 工作任务：

工作地点或设备 [注明变（配）电站、线路名称、设备双重名称及起止杆号]	工作内容
10kV 顺郑二回郑 59 线路 #22 塔至 #59 杆段	清理树障

4. 计划工作时间：

自 <u>2020</u> 年 <u>03</u> 月 <u>28</u> 日 <u>09</u> 时 <u>00</u> 分至 <u>2020</u> 年 <u>03</u> 月 <u>28</u> 日 <u>17</u> 时 <u>00</u> 分

5. 工作条件和安全措施（必要时可附页绘图说明）

（1）到达工作地点后，工作负责人应组织召开班前会，进行"三交三查"，待工作班成员清楚并无疑问后，履行签字确认手续。

（2）布置现场安全措施：在待砍剪的树木下方、倒树及斗臂车工作范围内设置围栏，防止无关人员逗留或通过；在围栏上面向外悬挂数量适当的"止步，高压危险！"警示牌；若工作地段临近道路，应在围栏沿道路两侧适当位置分别设置"电力施工，车辆慢行！"警示牌；若工作地段位于道路口，则在各个可能来往车辆的路口均应分别设置"电力施工，车辆慢行！"警示牌。

（3）工作中的"危险点分析及控制措施"：**防触电：**工作时工作人员和树枝的摆幅应与 10kV 带电线路保持 0.7m 以上安全距离；施工工具、机具、绳索等材料应与 10kV 带电线路保持 1m 以上安全距离；斗臂车应与 10kV 带电线路保持 2m 以上安全距离，并可靠接地；当树枝接近或超过安全距离时，应使用绝缘工具勾离后清除。为防止树木（树枝）倒落在线路上，应使用绝缘绳索将其拉向与线路相反的方向；砍剪山坡树木应做好防止树木向下弹跳接近线路的措施；当风力超过 5 级时，禁止砍剪高出或接近带电线路的树木。**防物体打击：**拉树的绝缘绳索应有足够的长度和强度，以免拉绳的人员被倒落的树木砸伤。砍剪树木时，应防止马蜂等昆虫或动物伤人。清理树障时，应遵循先上后下，先树梢，后小枝，最后大枝的原则。**防高坠：**上树时，应使用安全带，安全带不得系在待砍剪树枝的断口附近或以上。不得攀抓脆弱和枯死的树枝；不得攀登已经锯过或砍过的未断树木。在臂斗内进行高处作业时，进入斗内后，应立即将安全带和保护绳系挂在斗内专用的构件上。**防机械伤害：**斗臂车在操作前，应在工作地点空斗操作一次，确认机械完好和操作行进路线。当臂斗接近 10kV 带电线路的安全距离时，应由斗内人员进行操作，地面操作台不得离人，并加强监护。斗臂车作业全过程发动机不得熄火；使用油锯的作业，应由熟悉机械性能和操作方法的人员操作。使用时，应先检查所能锯到的范围内有无铁钉等金属物件，以防金属物体飞出伤人。

（4）每个工作地点的树障工作清理完成后，工作负责人均应认真进行"三检查"，确认无任何遗漏后，方可转移至下个工作地点。

（5）在所有工作完成后，工作负责人应组织召开班后会，总结讲评工作并做好记录。

工作票签发人签名：　朱××　　2020 年 03 月 27 日 16 时 05 分

工作票双签发人签名：　　　　　　　　年　　月　　日　　时　　分

工作负责人签名：　贾××　　2020 年 03 月 27 日 16 时 10 分

6. 现场补充的安全措施：

　无（在作业现场，由工作许可人或工作负责人根据现场情况补充填写，没有补充措施就填"无"）

7. 工作许可：

许可的线路、设备	许可方式	工作许可人	工作负责人签名	许可工作（或开工）时间
				年　月　日　时　分

8. 现场交底，工作班成员确认工作负责人布置的工作任务、人员分工、安全措施和注意事项并签名：

　吴×× 叶×× 陆×× 薛×× 梅××

工作开始时间：<u>2020</u> 年<u>03</u>月<u>28</u>日<u>09</u>时<u>00</u>分

工作负责人签名：<u>贾××</u>

9. 工作票延期：有效期延长到___年___月___日___时___分

工作负责人签名：_____ ___年___月___日___时___分

工作许可人签名：_____ ___年___月___日___时___分

10. 工作完工时间：<u>2020</u> 年<u>03</u>月<u>28</u>日<u>16</u>时<u>30</u>分

　工作负责人签名：<u>贾××</u>

11. 工作终结：

11.1 工作班人员已全部撤离现场，材料工具已清理完毕，杆塔、设备上已无遗留物。

11.2 工作终结报告：

终结的线路或设备	报告方式	工作负责人签名	工作许可人	终结报告（或结束）时间
				年　月　日　时　分

12. 备注：

12.1 指定专责监护人 <u>梅××</u> 负责监护 <u>薛××、陆××在</u>

斗臂内进行砍剪树木的工作；刘 ×× 负责指挥斗臂车的操作。（地点及具体工作）

12.2 其他事项：

_____

_____

已审核 合 格

审核人：

样例5：配电带电作业工作票样例"清理鸟窝"

[已终结]

国网××供电公司（李楼供电所）

配电带电作业工作票（李）字第2020030001号

1. 工作负责人：___陶××___　　　　班组：___运维班___

2. 工作班成员（不包括工作负责人）：

___袁××___　　　　　　　　　　　　　　共　1　人

3. 工作任务：

线路名称或设备双重名称	工作地段、范围	工作内容及人员分工	专责监护人
10kV尹集线顺72线路	全线	由袁××登杆作业，清除鸟窝，并安装驱鸟器	陶××

4. 计划工作时间：

自 2020 年 03 月 28 日 09 时 00 分至 2020 年 03 月 28 日 17 时 00 分

5. 安全措施：

5.1　调控或运维人员应采取的安全措施：

线路名称或设备双重名称	需要停用		需要断开二次设备电源或退出硬压板	作业点负荷侧需要停电的线路、设备	应装设的安全遮栏（围栏）和悬挂的标志牌
	重合闸	FA			
10kV尹集线顺72线路	否	否	无	无	无

5.2　其他危险点预控措施和注意事项：

（1）工作条件：工作线路均为绝缘导线，可执行地电位带电作业，工作中作业人员应与10kV带电线路保持0.7m以上安全距离。

（2）到达工作现场后，应召开班前会，进行"三交三查"，待工作班成员清楚并无疑问后，履行签字确认手续。

（3）布置现场安全措施：在工作杆塔的周围按坠落半径设置围

栏，并在围栏上面向外悬挂的"止步，高压危险！"警示牌，并在围栏出入口处悬挂"从此进出！"标识牌；对绝缘手套、绝缘操作杆、绝缘鞋（靴）、绝缘安全带、绝缘绳、踩板等进行外观检查，确认绝缘工具完好、绝缘手套无破损、绝缘操作杆有效绝缘长度不小于 0.7m；检查确认作业环境、条件可执行地电位带电作业。使用风湿仪检测湿度（　　%）应小于 80%，风速（　　m/s）应小于 10.7 m/s。

（4）向工作许可人申请开工令，得到许可后，方可开始清除鸟窝和安装驱鸟器的工作。

（5）工作中的"危险点分析及控制措施"：**防物体打击、防触电：**杆上站位应选择在鸟窝坠落方向的杆塔背侧，在选好站位后应双脚并拢站立，身体其他部位应离开杆塔并与之保持有效的安全距离；架空绝缘导线不得视为绝缘设备，工作中作业人员应与 10kV 带电线路保持 0.7m 以上安全距离；清除鸟窝和安装驱鸟器时，作业人员应佩戴护目镜和绝缘手套，并使用绝缘操作杆。作业过程中应防止发生相间短路或单相接地；地面监护人员应密切监护，发现问题及时制止，并时刻注意发生单相接地时，防止跨步电压伤人，不满足带电作业条件时应及时终止作业。**防高坠：**作业人员登杆前应检查杆根、基础、拉线、升降板及安全带完好无损；杆上作业时必须正确使用安全带，特别要注意检查扣环是否扣牢，不得将安全带低挂高用。杆上作业转位时不得失去安全保护。

（6）每个工作地点的工作完成后，工作负责人均应认真进行"三检查"，确认无任何遗漏后，方可转移至下个工作地点。

（7）所有工作完成后，工作负责人应及时向工作许可人汇报完工，办理工作票终结手续。并召开班后会，总结讲评工作并做好记录。

工作票签发人签名：　朱 ×　　2020 年 03 月 27 日 16 时 05 分

工作负责人签名：__陶××__ __2020__ 年__03__月__27__日__16__时__10__分

6. 确认本工作票 1~5 项正确完备，许可工作开始：

许可的线路、设备	许可方式	工作许可人	工作负责人签名	许可工作的时间
10kV 尹集线顺 72 线路	电话	朱××	陶××	03 月 28 日 09 时 12 分

7. 现场补充的安全措施：

无（在作业现场，由工作许可人或工作负责人根据现场情况补充填写，没有补充措施就填"无"）

8. 现场交底，工作班成员确认工作负责人布置的工作任务、人员分工、安全措施和注意事项并签名：

袁××

9. 工作终结：

9.1 工作班人员已全部撤离现场，工具、材料已清理完毕，杆塔、设备上已无遗留物。

9.2 工作终结报告：

终结的线路或设备	报告方式	工作许可人	工作负责人签名	终结报告时间
10kV 尹集线顺 72 线路	电话	朱××	陶××	03 月 28 日 16 时 02 分

10. 备注：

已审核 合格
审核人：

样例 6：低压工作票样例"新装三相表箱电话许可"

【已终结】

国网 ×× 公司（李楼供电所）

低压工作票（ 李 ）字第 2020030001 号

1.工作负责人： 刘 ××　　　　班组： 营抄班

2.工作班成员（不包括工作负责人）：

　左 ××、张 ××、朱 ××、彭 ××、卢 ××　　　共　5　人

3.工作的线路名称或设备双重名称（多回路应注明双重称号及方位）、工作任务：

　金薯公司支线 #013 杆 T 李楼 20# 台区 0.4kV D01 线路 #03 杆（下线）新装三相表箱、敷设低压电缆及搭火。

新增工作任务：

任务通知人或通知单编号	线路名称或设备双重名称、工作地点	工作任务	通知时间
			时　分
			时　分

4.计划工作时间：自 2020 年 03 月 28 日 08 时 30 分至 2020 年 03 月 28 日 11 时 00 分

5.安全措施（必要时可附页绘图说明）：

5.1　工作的条件和应采取的安全措施（停电、接地、隔离和装设的安全遮栏、围栏、标示牌等）：

　工作设备停电：

　（1）在李楼 20# 台区 D01 线路 #03 杆周围设置围栏，在 #03 杆上悬挂"在此工作！"标识牌，在围栏入口处悬挂"从此进出！"标识牌，在围栏四周面向外悬挂"止步，高压危险！"警示牌。

　（2）断开李楼 20# 台区 0.4kV D01 开关。

　（3）在李楼 20# 台区 0.4kV D01 开关操作把手上悬挂"禁止合闸，

线路有人工作！"标示牌，并锁好控制箱门。

（4）在李楼 20# 台区 0.4kV D01 线路 #03 杆（下线）小号侧验电接地（0.4kV#01），并设置一副封闭围栏，在围栏四周面向外悬挂"止步，高压危险！"警示牌。

（5）在李楼 20# 台区 0.4kV D01 线路 #03 杆（下线）大号侧验电接地（0.4kV#02）。

5.2 保留的带电部位：

10kV 河光二回线路金薯公司支线 #10 杆～#12 杆（上线）

5.3 其他安全措施和注意事项：

（1）到达工作地点，工作负责人应组织召开班前会，进行"三交三查"，并履行签字确认手续。

（2）工作负责人在申请并得到操作令后，执行本票 5.1 安全措施，所有安全措施落实后，工作负责人应向工作许可人赵××申请开工，得到许可后（许可时间），方可发出开始工作的命令。

（3）工作中的"危险点分析与控制措施"：**防触电**：在杆塔上敷设电缆时，应设专人监护，工作过程中人员、工具和电缆应与低压带电线路保持有效安全距离，电缆搭火时应与上层 10kV 带电线路保持 1m 以上的安全距离，并设置限高警示标识；电动工具使用前，应检查确认发电机、电动工具外壳绝缘良好、接地或接零完好，并做到"一机一闸一保护"。**防倒杆、防高空坠落**：作业人员登杆塔前，应先检查杆根、基础、拉线、登高工具、设施，如脚扣、升降板、安全带等是否完整牢靠。登高人员应正确使用"单钩双环保护绳"或"防坠围杆保护绳"，安全带和保护绳应分挂在杆塔不同牢固的构件上，不得将安全带低挂高用；在上、下杆塔及杆上转位时不得失去安全保护；使用梯子时，应设专人扶持监护。梯子应坚固完整，有防滑措施，梯与地面的斜角度约为 60°，人在梯子上时，禁止移动梯子。**防物体打击：**作业人员应正确佩戴安全帽，高处作业应使用工具包（袋），工具包（袋）应用扎丝绑扎在杆塔牢固的构件上；传递物件应使用绳索，不得随手抛掷；固定动力箱时，工作负责人应加强监护，上、下方工作人员应密切配合，动力箱未可靠固定前，不得失去支撑保护，防止砸伤。**防机械伤害：**使用电动工具时，不得手提导线或转动部分。作业过程中不得戴线手套或帆布手套，防止被电动工具的机械转动部位搅入。**防划伤：**使用电缆刀应戴手套，剥切电缆时，严禁刀口对人。

（4）工作完成后，工作负责人应认真进行"三检查"，在确认无任何遗漏后，工作负责人应及时向工作许可人赵××汇报完工，办理工作票终结手续（终结时间），并申请恢复送电的操作。

（5）台区恢复正常送电后，应召开班后会，总结讲评工作，会毕带领工作班成员撤离。

工作票签发人签名：　赵××　　2020 年 03 月 27 日 15 时 00 分

工作票双签发人签名：＿＿＿＿＿＿ 年＿月＿日＿时＿分

工作负责人签名：　刘××　　2020 年 03 月 27 日 15 时 10 分

6. 工作许可

6.1　现场补充的安全措施：

无（在作业现场，由工作许可人或工作负责人根据现场情况补充填写，没有补充措施就填"无"）

6.2　确认本工作票安全措施正确完备，许可工作开始：

许可的线路或设备	许可方式	工作许可人	工作负责人	许可工作的时间
李楼 20# 台区 0.4kV D01 线路 #03 杆（下线）	电话	赵××	刘××	03 月 28 日 09 时 00 分

7. 现场交底，工作班成员确认工作负责人布置的工作任务、人员分工、安全措施和注意事项并签名：

 左××　张××　朱××　彭××　卢××

8. 工作终结：

工作班现场所装设接地线共 0 组、个人保安线共 0 组已全部拆除，工作班人员已全部撤离现场，工具、材料已清理完毕，杆塔、设备上已无遗留物。

终结的线路或设备	报告方式	工作许可人	工作负责人	终结报告时间
李楼 20# 台区 0.4kV D01 线路 #03 杆（下线）	电话	赵××	刘××	03 月 28 日 10 时 06 分

9. 备注：

10. 附图（有必要时）

　　低（李）字 2020030001 号

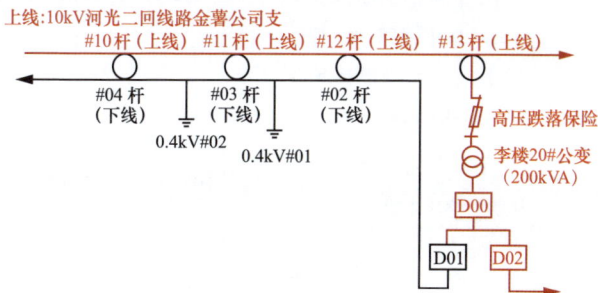

11. 检修设备停送电操作

检修设备停送电操作记录簿

操作单位：___李楼供电所运维班___　　年度：___2020 年___　　第___页

月	日	√	序号	操作任务	发令时间	操作时间	汇报时间	发令人	受令人
3	28	√	1	断开李楼 20# 台区 0.4kV D01 开关	08:50	08:51		赵××	刘××
3	28	√	2	在李楼 20# 台区 0.4kV D01 线路 #03 杆（下线）大号侧验电接地（0.4kV#01）		08:55			
3	28	√	3	在李楼 20# 台区 0.4kV D01 线路 #03 杆（下线）小号侧验电接地（0.4kV#02）		08:58	09:00	赵××	刘××
3	28	√	4	拆除李楼 20# 台区 0.4kV D01 线路 #03 杆（下线）小号侧接地线（0.4kV#02）	10:06	10:09		赵××	刘××
3	28	√	5	拆除李楼 20# 台区 0.4kV D01 线路 #03 杆（下线）大号侧接地线（0.4kV#01）		10:12			
3	28	√	6	合上李楼 20# 台区 0.4kV D01 开关		10:13	10:15	赵××	刘××
备注									

低压工作票新增工作任务附页

新增工作任务（续）：

任务通知人或通知形式	线路名称或设备双重名称、工作地点	工作任务	通知时间
			时　分
			时　分
			时　分
			时　分
			时　分

6.2　确认本工作票安全措施正确完备，许可工作开始（续）：

许可的线路或设备	许可方式	工作许可人	工作负责人	许可工作的时间
				年　月　日　时　分
				年　月　日　时　分
				年　月　日　时　分
				年　月　日　时　分
				年　月　日　时　分

8. 工作终结（续）：

终结的线路或设备	报告方式	工作许可人	工作负责人	终结报告时间
				年　月　日　时　分
				年　月　日　时　分
				年　月　日　时　分
				年　月　日　时　分
				年　月　日　时　分

样例 7：低压工作票样例"新装三相表箱当面许可"

[已终结]

国网 ×× 公司（李楼供电所）
低压工作票（ 李 ）字第 2020030001 号

1. 工作负责人： 刘 ××　　　　班组： 运维班

2. 工作班成员（不包括工作负责人）：

　左 ××、张 ××、朱 ××、彭 ××、卢 ××　　　共 5 人

3. 工作的线路名称或设备双重名称（多回路应注明双重称号及方位）、工作任务：

　金薯公司支线 #013 杆 T 李楼 20# 台区 0.4kV D01 线路 #03 杆（下线）新装三相表箱、敷设低压电缆及搭火

新增工作任务：

任务通知人或通知单编号	线路名称或设备双重名称、工作地点	工作任务	通知时间
			时__分
			时__分

4. 计划工作时间：自 2020 年 03 月 28 日 08 时 30 分至 2020 年 03 月 28 日 11 时 00 分

5. 安全措施（必要时可附页绘图说明）：

5.1　工作的条件和应采取的安全措施（停电、接地、隔离和装设的安全遮栏、围栏、标示牌等）：

（1）**工作设备不停电**：新装三相表箱、敷设低压电缆

　在李楼 20# 台区 D01 线路 #03 杆周围设置围栏，在 #03 杆上悬挂"在此工作！"标识牌，在围栏入口处悬挂"从此进出！"标识牌，在围栏四周面向外悬挂"止步，高压危险！"警示牌。

（2）**工作设备停电**：新装三相表箱进线电缆搭火

　1）断开李楼 20# 台区 0.4kV D01 开关；2）在李楼 20# 台区 0.4kV

D01 开关操作把手上悬挂"禁止合闸,线路有人工作!"标示牌,并锁好控制箱门;3)在李楼 20# 台区 0.4kV D01 线路 #03 杆(下线)小号侧验电接地(0.4kV#01),并设置围栏,在围栏四周面向外悬挂"止步,高压危险!"警示牌;4)在李楼 20# 台区 0.4kV D01 线路 #03 杆(下线)大号侧验电接地(0.4kV#02)。

5.2 保留的带电部位:

10kV 河光二回线路金薯公司支线 #11 杆(上线)

5.3 其他安全措施和注意事项:

(1)到达工作地点后应召开班前会,进行"三交三查",待工作班成员清楚无疑问后在工作票上签字确认。

(2)工作班完成本票 5.1 栏第 1 大项安全措施后,工作许可人左××方可下达开始进行不停电工作的命令。

(3)不停电工作完成后,工作许可人左××落实本票 5.1 栏第 2 大项停电工作的安全措施。

(4)工作负责人在得到工作许可人许可,并确认所有安全措施落实无误后,方可发出开始停电工作的命令。

(5)工作中的"危险点分析与控制措施":**防触电**:在杆塔上敷设电缆时,应设专人监护,工作过程中人员、工具和电缆应与低压带电线路保持有效安全距离,电缆搭火时应与上层 10kV 带电线路保持 1m 以上的安全距离,并设置限高警示标识;电动工具使用前,应检查确认发电机、电动工具外壳绝缘良好、接地或接零完好,并做到"一机一闸一保护"。**防倒杆、防高空坠落**:作业人员登杆塔前,应先检查杆根、基础、拉线、登高工具、设施,如脚扣、升降板、安全带等是否完整牢靠。登高人员应正确使用"单钩双环保护绳"或"防坠围杆保护绳",安全带和保护绳应分挂在杆塔不同部位的牢固构件上,不得将安全带低挂高用;在上、下杆塔及杆上转位时不得失去安全保护；使用梯子时，应设专人扶持监护。梯子应坚固完整，有防滑措施，梯与地面的斜角度约为60°，人在梯子上时，禁止移动梯子。**防物体打击：** 作业人员应正确佩戴安全帽，高处作业应使用工具包（袋），工具包（袋）应用扎丝绑扎在杆塔牢固的构件上；传递物件应使用绳索，不得随手抛掷；固定动力箱时，工作负责人应加强监护，上、下方工作人员应密切配合，动力箱未可靠固定前，不得失去支撑保护，防止砸伤。**防机械伤害：** 使用电动工具时，不得手提导线或转动部分。作业过程中不得戴线手套或帆布手套，防止被电动工具的机械转动部位搅入。**防划伤：** 使用电缆刀应戴手套，剥切电缆时，严禁刀口对人。

（6）工作完工后，工作负责人应向工作许可人左××汇报完工，并办理工作票终结手续。

（7）完成上述事项后，召开班后会，总结讲评工作，会毕带领工作班人员撤离工作现场。

工作票签发人签名：　赵××　　2020 年 03 月 27 日 15 时 00 分

工作票双签发人签名：_____　_____年___月___日___时___分

工作负责人签名：　刘××　　2020 年 03 月 27 日 15 时 10 分

6. 工作许可

6.1　现场补充的安全措施：

无（在作业现场，由工作许可人或工作负责人根据现场情况补充填写，没有补充措施就填"无"）

6.2　确认本工作票安全措施正确完备，许可工作开始：

许可的线路或设备	许可方式	工作许可人	工作负责人	许可工作的时间
李楼 20# 台区 0.4kV D01 线路 #03 杆（下线）（不停电工作许可）	当面	左××	刘××	03 月 28 日 08 时 32 分
李楼 20# 台区 0.4kV D01 线路 #03 杆（下线）（停电工作许可）	当面	左××	刘××	03 月 28 日 09 时 39 分

7. 现场交底，工作班成员确认工作负责人布置的工作任务、人员分工、安全措施和注意事项并签名：

　　左×× 　张×× 　朱×× 　彭×× 　卢××

_____

8. 工作终结：

工作班现场所装设接地线共 _0_ 组、个人保安线共 _0_ 组已全部拆除，工作班人员已全部撤离现场，工具、材料已清理完毕，杆塔、设备上已无遗留物。

终结的线路或设备	报告方式	工作许可人	工作负责人	终结报告时间
李楼 20# 台区 0.4kV D01 线路 #03 杆（下线）	当面	左××	刘××	03 月 28 日 10 时 06 分

9. 备注：

_____

_____

10. 附图（有必要时）

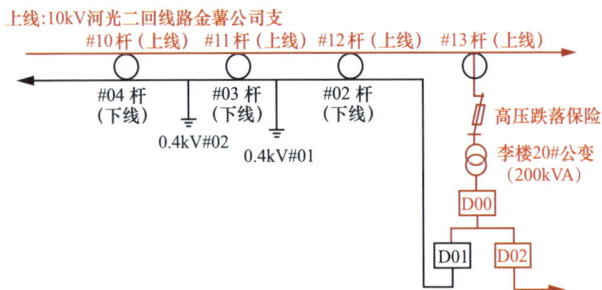

已审核　合　格
审核人：

11. 检修设备停送电操作

检修设备停送电操作记录簿

操作单位：　李楼供电所运维班　　年度：　2020 年　　　　第＿＿页

月	日	√	序号	操作任务	发令时间	操作时间	汇报时间	发令人	受令人
3	28	√	1	断开李楼 20# 台区 0.4kV D01 开关	09:32	09:33		刘 ××	左 ××
3	28	√	2	在李楼 20# 台区 0.4kV D01 线路 #03 杆（下线）大号侧验电接地（0.4kV#01）		09:35			
3	28	√	3	在李楼 20# 台区 0.4kV D01 线路 #03 杆（下线）小号侧验电接地（0.4kV#02）		09:37	09:39	刘 ××	左 ××
3	28	√	4	拆除李楼 20# 台区 0.4kV D01 线路 #03 杆（下线）小号侧接地线（0.4kV#02）	10:06	10:07		刘 ××	左 ××

续表

月	日	√	序号	操 作 任 务	发令时间	操作时间	汇报时间	发令人	受令人
3	28	√	5	拆除李楼 20# 台区 0.4kV D01 线 路 #03 杆（下线）大号侧接地线（0.4kV#01）		10:09			
3	28	√	6	合上李楼 20# 台区 0.4kV D01 开关		10:11	10:15	刘 ××	左 ××
备注									

样例 8：配电故障紧急抢修单样例 "配变增容"

已终结

国网 ×× 公司（李楼供电所）

配电故障紧急抢修单（李）字第 2020030001 号

1. 抢修工作负责人： 张 ××　　　　班组： 运维班

2. 抢修班人员（不包括抢修工作负责人）：

　肖 ××、徐 ××、毕 ××、刘 ××；吊车司机田 ×× 共　5　人

3. 抢修工作任务：

工作地点或设备【注明变（配）电站、线路名称、设备双重名称及起止杆号】	工作内容
10kV 郑明五回（郑 65– 明 60）线路 #21 杆（上线）T 歌舞团 200kVA 公变	原 200kVA 配变增容至 315kVA 配变

4. 安全措施：

内容	安全措施
4.1 由调控中心或运维人员完成的安全措施	向配电运维人员申请：
	（1）断开郑明五回 #21 杆 T 歌舞团公变 0.4kV D01、D02、D00 开关
	（2）断开 10kV 郑明五回 #21 杆 T 歌舞团公变三相高压跌落保险（中相、下风相、上风相）
	（3）取下 10kV 郑明五回 #21 杆 T 歌舞团公变三相带电线夹
	（4）歌舞团公变 0.4kV D02 线路 2F1 分电箱母排处验电接地（编号：0.4kV#01）编号由配电运维许可人填写
	（5）歌舞团公变 0.4kV D01 线路 #01 杆（下线）大号侧验电接地（编号：0.4kV#02）编号由配电运维许可人填写

续表

内容	安全措施
4.1 由调控中心或运维人员完成的安全措施	备注： （1）抢修工作停、送电可不使用操作票，但应将停电的操作内容按序填写在对应的栏内； （2）若抢修工作停、送电使用操作票，则台区安全措施可以直接填写为"将10kV郑明五回#21杆T歌舞团配变由运行转检修状态"
4.2 工作班完成的现场安全措施	
4.3 应装设的遮栏（围栏）及悬挂的标示牌	在10kV郑明五回#21杆T歌舞团公变周围设置围栏，在围栏四周面向外悬挂"止步,高压危险！"警示牌
	在工作围栏沿道路两侧适当位置分别设置"电力施工，车辆慢行"警示牌

线路名称或设备双重名称和装设位置	接地线编号	装设时间	拆除时间
无			

| 保留带电部位及其他安全注意事项 | （1）保留带电部位: 10kV郑明五回(郑65–明60)线路#21杆(上线)
（2）危险点分析与控制措施:
防触电: ①高处作业时，工作人员、施工机具、材料、工具应与上层10kV带电线路设备保持1m以上安全距离；②吊车应与上层10kV带电线路设备保持2m以上安全距离，并可靠接地。
防高坠: ①登杆塔前，应先检查登高工具、设施，如脚扣、升降板、安全带、梯子和脚钉、爬梯、防坠装置等是否完整牢靠。禁止携带器材登杆或在杆塔上移位。禁止利用绳索、拉线上下杆塔 |

续表

内容	安全措施
保留带电部位及其他安全注意事项	或顺杆下滑。②高处作业应使用有后备绳或速差自锁器的双控背带式安全带。安全带和保护绳应分挂在不同部位的牢固构件上，严禁低挂高用。 **防物体打击：**高处作业人员应使用工具袋，防止工具及零部件掉落地面，上下传递物件应使用绳索，不得随意抛掷。 **防机械伤害：**吊车置于平坦、坚实的地面，吊车支腿使用垫木，车体要可靠接地；变压器起吊工作应专人指挥，起重指挥信号简明、统一、畅通、分工明确，由专业人员操作。 **防起重伤害：**起吊变压器前，工作负责人应检查确认吊物绑扎牢靠，重物稍离地面，应再次检查捆绑情况，确认牢靠后方可继续起吊；起吊过程中，应使用晃绳防止重物摆动，吊臂和吊物下面，禁止有人逗留和通过；变压器未安装固定前，不得失去牵引保护

5. 上述 1 至 4 项由抢修工作负责人＿＿＿张 ××＿＿＿根据抢修任务布置人＿＿＿朱 ××＿＿＿的指令，并根据现场勘察情况填写。

填写时间：2020 年 03 月 28 日 22 时 26 分

6. 许可抢修时间：2020 年 03 月 28 日 22 时 39 分

7. 工作许可人：＿＿朱 ××＿＿　　　工作负责人：＿＿张 ××＿＿

8. 确认工作负责人布置的抢修任务和安全措施工作班（组）人员签名：

＿＿＿肖 ××＿＿＿徐 ××＿＿＿毕 ××＿＿＿刘 ××＿＿＿田 ××＿＿＿

接地线装设完毕，抢修工作于 2020 年 03 月 28 日 23 时 58 分开始。

9. 抢修结束汇报：本抢修工作于 2020 年 03 月 29 日 01 时 58 分结束，现场所挂的接地线编号 0 共 0 组，带到工作现场的个人保安线共 0 组，已全部拆除、带回。抢修班人员已全部撤离，材料、工具已清理完毕，故障紧急抢修单已终结。

现场设备状况及保留安全措施：<u>故障变压器已更换完毕，经完工后检查确认，歌舞团公变可以恢复送电。</u>

工作许可人：<u>朱××</u>　　抢修工作负责人：<u>张××</u>

汇报时间：<u>2020</u>年<u>03</u>月<u>29</u>日<u>02</u>时<u>10</u>分

10. 备注：

（1）指定专责监护人<u>肖××</u>负责监护<u>和指挥田××进行变压器起吊作业</u>（地点及具体工作）

（2）其他事项：

　<u>许可方式：电话许可。</u>

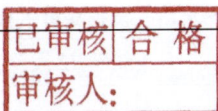

已审核 合格
审核人：

样例9：配电故障紧急抢修单样例"边相导线断线续接"

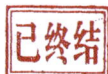

国网 × × 公司（李楼供电所）

已终结

配电故障紧急抢修单（李）字第 2020030001 号

1.抢修工作负责人： 张 × ×　　　班组： 运维班

2.抢修班人员（不包括抢修工作负责人）：

　肖 × ×、徐 × ×（斗臂车）　　　　　　共 2 人

3.抢修工作任务：

工作地点或设备[注明变（配）电站、线路名称、设备双重名称及起止杆号]	工作内容
10kV 尹集线顺 72 线路青龙分支 #17 杆 ~#18 杆	A 相导线断线续接

4.安全措施：

内容	安全措施
4.1 由调控中心或运维人员完成的安全措施	向县调申请：断开 10kV 青龙分支 F1、F11
4.2 工作班完成的现场安全措施	无
4.3 应装设的遮栏（围栏）及悬挂的标示牌	在工作地段及斗臂车周围设置围栏，在围栏上面向外悬挂"止步，高压危险！"警示牌

续表

内容	安全措施		
线路名称或设备双重名称和装设位置	接地线编号	装设时间	拆除时间
青龙分支 #16 杆小号侧	10kV#02	28 日 15 时 27 分	28 日 17 时 57 分
青龙分支 #19 杆大号侧	10kV#03	28 日 15 时 29 分	28 日 17 时 55 分
保留带电部位及其他安全注意事项	（1）保留带电部位：无 （2）危险点分析与控制措施： **防倒杆：**①工作前，应检查确认杆根、基础完好，杆身横向裂纹不大于 1mm，纵向裂纹不大于 3mm；②收紧线前，应在受力杆塔的反方向装设一副临时拉线； **防高坠：**①登杆前，应先检查登高工具、设施，如脚扣、升降板、安全带和防坠装置等是否完整牢靠。禁止携带器材登杆或在杆塔上移位。禁止利用绳索、拉线上下杆塔或顺杆下滑。②高处作业应使用有后备绳或速差自锁器的双控背带式安全带。安全带和保护绳应分挂在杆塔不同部位的牢固构件上，并不得低挂高用； **防物体打击：**①高处作业应使用工具包（袋），工具包（袋）应用扎丝绑扎在杆塔牢固的构件上；②高处作业时，传递工具、材料，应该使用绳索，严禁上下抛掷；③工作中的边角废料，应放置在工具包内，严禁随手抛掷；④紧线工作时，收线车和卡线器应固定牢靠，并使用拉绳作为后备保护。 **防机械伤害：**斗臂车在操作前，应在工作地点空斗操作一次，确认机械完好和操作行进路线。斗臂车作业全过程发动机不得熄火		

5. 上述 1 至 4 项由抢修工作负责人___张 ××___根据抢修任务布置人___朱 ××___的指令，并根据现场勘察情况填写。

填写时间：__2020__ 年__03__ 月__28__ 日__14__ 时__38__ 分

6. 许可抢修时间：__2020__ 年__03__ 月__28__ 日__14__ 时__50__ 分

7. 工作许可人：__方××__　　　工作负责人：__张××__

8. 确认工作负责人布置的抢修任务和安全措施工作班（组）人员签名：
　　__肖××　　徐××__

接地线装设完毕，抢修工作于 __2020__ 年__03__ 月__28__ 日__15__ 时__39__ 分开始。

9. 抢修结束汇报：本抢修工作于 __2020__ 年__03__ 月__28__ 日__17__ 时__58__ 分结束，现场所挂的接地线编号 __10kV#02、10kV#03__ 共 __2__ 组，带到工作现场的个人保安线共 __0__ 组，已全部拆除、带回。抢修班人员已全部撤离，材料、工具已清理完毕，故障紧急抢修单已终结。

现场设备状况及保留安全措施：__A 相导线已续接完毕，班组安全措施已全部拆除，人员已全部撤离，经完工后检查确认，10kV 青龙分支 F1 线路具备送电条件。__

工作许可人：__方××__　　　抢修工作负责人：__张××__

汇报时间：__2020__ 年__03__ 月__28__ 日__18__ 时__03__ 分

10. 备注：

（1）指定专责监护人 __肖××__ 负责监护 __徐×× 在斗臂车臂斗内收紧导线__ （地点及具体工作）

（2）其他事项：
　　__许可方式：电话许可__

已审核　合　格
审核人：

样例 10：配电故障紧急抢修单样例"断杆更换"

已终结

国网 ×× 公司（李楼供电所）

配电故障紧急抢修单（李）字第 2020030001 号

1. 抢修工作负责人：__张 ××__ 班组：__运维班__

2. 抢修班人员（不包括抢修工作负责人）：

　肖 ××、王 ××；徐 ××（斗臂车）；李 ××（吊车）

　　　　　　　　　　　　　　　　　　　　　　共 __4__ 人

3. 抢修工作任务：

工作地点或设备【注明变（配）电站、线路名称、设备双重名称及起止杆号】	工作内容
10kV 尹集线顺 72 线路青龙分支 #17 杆	断杆更换

4. 安全措施：

内容	安全措施
4.1 由调控中心或运维人员完成的安全措施	向县调申请： 断开 10kV 青龙分支 F1、F11
4.2 工作班完成的现场安全措施	无
4.3 应装设的遮栏（围栏）及悬挂的标示牌	在工作地段及斗臂车与吊车周围设置一副围栏，在围栏上面向外悬挂"止步，高压危险！"警示牌，在围栏出入口处悬挂"从此进出！"标示牌，并在围栏沿道路两侧适当位置设置"电力施工，车辆慢行"标识牌

续表

内容	安全措施		
线路名称或设备双重名称和装设位置	接地线编号	装设时间	拆除时间
青龙分支 #16 杆小号侧	10kV#02	28 日 16 时 51 分	28 日 19 时 57 分
青龙分支 #18 杆大号侧	10kV#03	28 日 16 时 57 分	28 日 19 时 55 分
保留带电部位及其他安全注意事项	**（1）保留带电部位：无** **（2）危险点分析与控制措施：** **防倒杆：**①杆塔基础未回填夯实前，杆塔不得失去吊装保护；②登新立杆塔前，应检查确认杆塔埋深不小于 1/6 杆长，且杆根、基础完好、牢固，必要时增加临时拉线； **防高坠：**①登杆前，应先检查登高工具、设施，如脚扣、升降板、安全带和防坠装置等是否完整牢靠。禁止携带器材登杆或在杆塔上移位。禁止利用绳索、拉线上下杆塔或顺杆下滑。②高处作业应使用有后备绳或速差自锁器的双控背带式安全带。安全带和保护绳应分挂在杆塔不同部位的牢固构件上，并不得低挂高用。 **防物体打击：**①高处作业应使用工具包（袋），工具包（袋）应用扎丝绑扎在杆塔牢固的构件上；②高处作业时，传递工具、材料，应该使用绳索，严禁上下抛掷；③工作中的边角废料，应放置在工具包内，严禁随手抛掷；④紧线工作时，收线车和卡线器应固定牢靠，拆除和固定杆塔导线时，应使用牵引绳辅助，防止导线摆动弹人。 **防机械伤害：**①斗臂车在操作前，应在工作地点空斗操作一次，确认机械完好和操作行进路线。斗臂车作业全过程发动机不得熄火。②吊车应置于平坦、坚实的地面，吊车支腿使用垫木，车体要可靠接地；变压器起吊工作应专人指挥，起重指挥信号简明、统一、畅通、分工明确，由专业人员操作。			

续表

内容	安全措施
保留带电部位及其他安全注意事项	**防起重伤害**：①电杆起吊工作，吊点选择位置应合理，无关人员应离开杆长 1.2 倍距离以外。②起吊前，工作负责人应检查悬吊情况及所吊设备的捆绑情况，确认可靠后方可试行起吊。重物稍离地面，应再次检查捆绑情况，确认牢靠后方可继续起吊；③在起吊过程中，钢丝绳及设备的周围、上下方、吊臂的下面，禁止有人逗留和通过，并应使用晃绳防止重物摆动

5. 上述 1 至 4 项由抢修工作负责人＿＿张××＿＿根据抢修任务布置人＿＿朱××＿＿的指令，并根据现场勘察情况填写。

填写时间：2020 年 03 月 28 日 15 时 36 分

6. 许可抢修时间：2020 年 03 月 28 日 15 时 50 分

7. 工作许可人：＿方××＿　　　工作负责人：＿张××＿

8. 确认工作负责人布置的抢修任务和安全措施工作班（组）人员签名：
＿＿肖××＿＿＿王××＿＿＿徐××＿＿＿李××＿＿＿＿

＿＿＿＿＿＿＿＿＿＿＿＿＿＿＿＿＿＿＿＿＿＿＿＿＿＿＿＿＿

接地线装设完毕，抢修工作于 2020 年 03 月 28 日 17 时 03 分开始。

9. 抢修结束汇报：本抢修工作于 2020 年 03 月 28 日 19 时 58 分结束，现场所挂的接地线编号＿10kV#02、10kV#03＿共 2 组，带到工作现场的个人保安线共＿0＿组，已全部拆除、带回。抢修班人员已全部撤离，材料、工具已清理完毕，故障紧急抢修单已终结。

现场设备状况及保留安全措施：＿断杆已更换完毕，班组安全措施已全部拆除，人员已全部撤离，经完工后检查确认，10kV 青龙分支F1 线路具备送电条件。＿

工作许可人：＿方××＿　　抢修工作负责人：＿张××＿

汇报时间：__2020__ 年 __03__ 月 __28__ 日 __20__ 时 __03__ 分

10.备注：

（1）指定专责监护人___肖××___ 负责监护 李×× 进行电杆拆除和吊装作业_____（地点及具体工作）

（2）其他事项：

　许可方式：电话许可。

已审核｜合　格

审核人：

样例 11：配电故障紧急抢修单样例"更换台区低压配电箱"

已终结

国网 ×× 公司（李楼供电所）
配电故障紧急抢修单（李）字第 2020030001 号

1. 抢修工作负责人：__张 ××__   班组：__运维班__

2. 抢修班人员（不包括抢修工作负责人）：

　肖 ××、徐 ××、毕 ×× 共 _5_ 人＿＿＿＿＿＿＿＿＿＿

3. 抢修工作任务：

工作地点或设备 [注明变（配）电站、线路名称、设备双重名称及起止杆号]	工作内容
10kV 尹集线顺 72 线路青龙分支 #07 杆 T 青龙二组 200kVA 公变	更换台区低压配电箱

4. 安全措施：

内容	安全措施
4.1 由调控中心或运维人员完成的安全措施	（1）断开青龙二组公变 0.4kV D01、D02、D00
	（2）拉开 10kV 青龙二组公变三相跌落保险（中相、下风相、上风相）
	（3）在青龙二组公变 D01 线路 #01 杆（下线）大号侧验明确无电压，立即装设一组低压接地线（编号：0.4kV#01）编号由配电运维许可人填写
	（4）在青龙二组公变 D02 线路 #01 杆（下线）大号侧验明确无电压，立即装设一组电源接地线（编号：0.4kV#02）编号由配电运维许可人填写
	（5）在青龙二组公变跌落保险下端验电接地环处验明确无电压，立即装设一组高压接地线（编号：10kV#03）编号由配电运维许可人填写

续表

内容	安全措施
4.2 工作班完成的现场安全措施	无
4.3 应装设的遮栏（围栏）及悬挂的标示牌	在青龙二组公变周围设置围栏，在围栏上面向外悬挂"止步，高压危险！"警示牌
	在工作围栏沿道路两侧适当位置分别设置"电力施工，车辆慢行"警示牌

线路名称或设备双重名称和装设位置	接地线编号	装设时间	拆除时间
无			

内容	安全措施
保留带电部位及其他安全注意事项	（1）保留带电部位：10kV 青龙分支 #07 杆 T 青龙二组公变高压跌落保险静触头及以上。 （2）危险点分析与控制措施： **防触电**：高处作业时，工作人员、施工机具、材料、工具应与 10kV 带电线路、设备保持 1m 以上的安全距离； **防高坠**：①使用的梯子应坚固完整，有防滑措施。梯子的支柱应能承受攀登时作业人员及所携带的工具、材料的总重量；②梯子与地面的夹角度约为 60°，登梯工作前应检查梯子确已设置牢固，有防滑措施，并有专人扶持；③登高超过 1.5m，应使用安全带，安全带和保护绳应分挂在不同部位的牢固构件上，人在梯子上时，禁止移动梯子。 **防物体打击**：①高处作业人员应使用工具袋，防止工具及零部件掉落地面，上下传递物件应使用绳索，严禁抛掷；②配电箱内作业时，应将箱门绑扎牢固，防止摆动；③拆除和安装配电箱时，应使用滑轮和绳索，配电箱未固定牢固前，不得失去牵引保护

5. 上述 1 至 4 项由抢修工作负责人＿＿张 ××＿＿根据抢修任务布置人＿＿朱 ××＿＿的指令，并根据现场勘察情况填写。

填写时间：<u>2020</u> 年<u>03</u>月<u>28</u>日<u>22</u>时<u>26</u>分

6. 许可抢修时间：<u>2020</u> 年<u>03</u>月<u>28</u>日<u>22</u>时<u>39</u>分

7. 工作许可人：<u>朱××</u>　　工作负责人：<u>张××</u>

8. 确认工作负责人布置的抢修任务和安全措施工作班（组）人员签名：

　<u>肖××　　徐××　　毕××</u>

_____

接地线装设完毕，抢修工作于 <u>2020</u> 年<u>03</u>月<u>28</u>日<u>23</u>时<u>58</u>分开始。

9. 抢修结束汇报：本抢修工作于 <u>2020</u> 年<u>03</u>月<u>29</u>日<u>02</u>时<u>05</u>分结束，现场所挂的接地线编号<u>0</u>共<u>0</u>组，带到工作现场的个人保安线共<u>0</u>组，已全部拆除、带回。抢修班人员已全部撤离，材料、工具已清理完毕，故障紧急抢修单已终结。

现场设备状况及保留安全措施：<u>故障配电箱已更换完毕，经完工后检查确认，青龙二组公变可以恢复送电。</u>

工作许可人：<u>朱××</u>　　抢修工作负责人：<u>张××</u>

汇报时间：2020 年<u>03</u>月<u>29</u>日<u>02</u>时<u>10</u>分

10. 备注：

（1）指定专责监护人<u>肖××</u>负责监护<u>徐××、毕××</u>进行<u>配电箱更换工作</u>（地点及具体工作）

（2）其他事项：

　<u>许可方式：电话许可</u>

　<u>本票4.1栏接地线由工作许可人装设，经工作负责人现场检查，接地线接触良好，现场可以开工。</u>

> 已审核　合　格
> 审核人：

样例 12：配电故障紧急抢修单样例"更换低压电缆分支箱"

已终结

国网 ×× 公司（李楼供电所）
配电故障紧急抢修单（李）字第 2020030001 号

1. 抢修工作负责人：　张 ××　　　班组：　运维班

2. 抢修班人员（不包括抢修工作负责人）：

　肖 ××、徐 ××、毕 ×× 共　3　人

3. 抢修工作任务：

工作地点或设备 [注明变（配）电站、线路名称、设备双重名称及起止杆号]	工作内容
郑明五回 #25 杆 T 歌舞团公变 0.4kV D02 线路	更换 2F2 电缆分支箱

4. 安全措施：

内容	安全措施
4.1 由调控中心或运维人员完成的安全措施	（1）断开歌舞团公变 0.4kV D02 开关，在开关操作把手上悬挂"禁止合闸"标示牌，并锁好箱门
	（2）在歌舞团公变 2F1 分电箱铝排处验明确无电压，立即装设一组低压接地线（编号：0.4kV#02）
	（3）在歌舞团公变 2F3 分电箱铝排处验明确无电压，立即装设一组低压接地线（编号：0.4kV#03）
4.2 工作班完成的现场安全措施	（1）断开歌舞团公变 0.4kV 2F2-B1、2F2-B2 户表集装箱内所有出线空开
	（2）断开歌舞团公变 0.4kV 2F2-S1 三相动力表箱出线空开
4.3 应装设的遮栏（围栏）及悬挂的标示牌	在工作地点周围设置围栏，在围栏上面向外悬挂"止步，高压危险！"警示牌，并在围栏沿道路两侧适当位置分别设置"电力施工，车辆慢行"标志牌

续表

内容	安全措施		
线路名称或设备双重名称和装设位置	接地线编号	装设时间	拆除时间
无			
保留带电部位及其他安全注意事项	（1）保留带电部位：无 （2）危险点分析与控制措施： **防高坠：**①使用的梯子应坚固完整，有防滑措施。梯子的支柱应能承受攀登时作业人员及所携带的工具、材料的总重量；②梯子与地面的斜角度约为 60°，登梯工作前应检查梯子确已设置牢固，并有专人扶持；③登高超过 1.5m，应使用安全带，安全带和保护绳应分挂在不同部位的牢固构件，人在梯子上时，禁止移动梯子。 **防物体打击：**高处作业人员应使用工具袋，防止工具及零部件掉落地面，上下传递物件应使用绳索，严禁抛掷。②拆除和安装电缆分支箱时，应利用电缆钢绞线使用绳索辅助，防止分支箱滑落。配电箱未固定可靠前，不得失去支撑保护		

5.上述 1 至 4 项由抢修工作负责人 ___张××___ 根据抢修任务布置人 ___朱××___ 的指令，并根据现场勘察情况填写。

填写时间： _2020_ 年 _03_ 月 _28_ 日 _22_ 时 _16_ 分

6.许可抢修时间： _2020_ 年 _03_ 月 _28_ 日 _22_ 时 _39_ 分

7.工作许可人： ___朱××___   工作负责人： ___张××___

8.确认工作负责人布置的抢修任务和安全措施工作班（组）人员签名：
    肖×× 徐×× 毕××

接地线装设完毕，抢修工作于 _2020_ 年 _03_ 月 _28_ 日 _23_ 时 _58_ 分开始。

9.抢修结束汇报：本抢修工作于 _2020_ 年 _03_ 月 _29_ 日 _02_ 时 _05_ 分结

束，现场所挂的接地线编号<u>0</u>共<u>0</u>组，带到工作现场的个人保安线共<u>0</u>组，已全部拆除、带回。抢修班人员已全部撤离，材料、工具已清理完毕，故障紧急抢修单已终结。

现场设备状况及保留安全措施：<u>故障电缆分支箱已更换完毕，经完工后检查确认，歌舞团公变 0.4kV D02 线路可以恢复送电。</u>

工作许可人：<u>朱××</u>　　抢修工作负责人：<u>张××</u>

汇报时间：<u>2020</u>年<u>03</u>月<u>29</u>日<u>02</u>时<u>10</u>分

10. 备注：

（1）指定专责监护人<u>肖××</u>负责监护<u>徐××、毕××</u>进行<u>电缆分支箱更换工作</u>（地点及具体工作）

（2）其他事项：

　许可方式：电话许可

本票 4.1 栏接地线由工作许可人装设，经工作负责人现场检查，接地线接触良好，现场可以开工。

已审核　合格
审核人：

样例 13：配电线路倒闸操作票样例"更换高压跌开熔丝"

配电倒闸操作票

操作单位：×× 供电所运维班　　　编号：2020030001　　第　页，共　页

发令人：朱××	受令人：贾××	发令时间：2020 年 03 月 01 日 07 时 00 分
操作开始时间：2020 年 03 月 01 日 07 时 01 分		操作结束时间：2020 年 03 月 01 日 07 时 13 分
操作类型	（ √ ）监护操作　（　）单人操作　（　）检修人员操作	

操作任务：10kV 千弓线桃 75 线路庞岗分支庞岗 3# 160kVA 公变更换 A 相高压跌落保险熔丝

执行（√）	序号	操 作 项 目	操作时间
√	1	断开庞岗 3# 公变 0.4kV D01 开关	07:01
√	2	检查庞岗 3#公变0.4kV D01 开关"分/合"指示确在"分位"	
√	3	断开庞岗 3# 公变 0.4kV D02 开关	07:01
√	4	检查庞岗 3# 公变0.4kV D02开关"分/合"指示确在"分位"	
√	5	断开庞岗 3# 公变 0.4kV D00 开关	07:02
√	6	检查庞岗 3# 公变 0.4kV D00 开关"分/合"指示确在"分位"	
√	7	拉开 10kV 庞岗 3# 公变中相跌落保险	07:02
√	8	拉开 10kV 庞岗 3# 公变下风相跌落保险	
√	9	拉开 10kV 庞岗 3# 公变上风相跌落保险	
√	10	低压侧验电确认 10kV 庞岗 3#公变三相跌落保险确已拉开	07:03
√	11	取下 10kV 庞岗 3# 公变 A 相跌落保险熔管	07:04
√	12	更换 10kV 庞岗 3# 公变 A 相跌落保险熔丝（15 ~ 20A）	07:06

续表

执行 (√)	序号	操作项目	操作时间
√	13	检查 10kV 庞岗 3# 公变 A 相跌落保险熔丝安装可靠	
√	14	装上 10kV 庞岗 3# 公变 A 相跌落保险熔管	07:07
√	15	检查 10kV 庞岗 3# 公变 A 相跌落保险熔管确已装上	
√	16	推上 10kV 庞岗 3# 公变上风相跌落保险	07:07
√	17	推上 10kV 庞岗 3# 公变下风相跌落保险	
√	18	推上 10kV 庞岗 3# 公变中相跌落保险	07:08
√	19	检查庞岗 3# 公变 0.4kV D00 开关电源侧三相电压正常	
√	20	合上庞岗 3# 公变 0.4kV D00 开关	07:11
√	21	检查庞岗 3# 公变 0.4kV D00 开关"分/合"指示确在"合位"	
√	22	合上庞岗 3# 公变 0.4kV D02 开关	07:11
√	23	检查庞岗 3# 公变 0.4kV D02 线路负荷运行正常	
√	24	合上庞岗 3# 公变 0.4kV D01 开关	07:12
√	25	检查庞岗 3# 公变 0.4kV D01 线路负荷运行正常	07:13

已执行

备注：此票以（　县　）调（　/　）字第（　口头　）指令票为依据。

操作人：叶××　　　监护人：贾××　　　运维负责人：

样例 14: 配电线路倒闸操作票样例 "更换拔插式熔断器保险"

配电线路倒闸操作票

操作单位：×× 供电所运维班　　　　编号：2020030001　　第　　页，共　　页

发令人：朱××	受令人：贾××	发令时间：2020 年 03 月 01 日 07 时 00 分
操作开始时间：2020 年 03 月 01 日 07 时 01 分		操作结束时间：2020 年 03 月 01 日 07 时 06 分
操作类型	（ √ ）监护操作　　（　　）单人操作　　（　　）检修人员操作	

操作任务：郑明五回 #23 杆 T 歌舞团 315kVA 公变 0.4kV 配电箱更换拔插式熔断器 A 相 RT0 保险

执行（√）	序号	操 作 项 目	操作时间
√	1	断开歌舞团公变 0.4kV D01 开关	07:01
√	2	检查歌舞团公变 0.4kV D01 开关 "分/合" 指示确在 "分位"	
√	3	断开歌舞团公变 0.4kV D02 开关	07:01
√	4	检查歌舞团公变 0.4kV D02 开关 "分/合" 指示确在 "分位"	
√	5	检查确认歌舞团公变 0.4kV 三相 RT0 保险确无负荷	
√	6	取下歌舞团公变 0.4kV A 相 RT0 保险（使用低压绝缘工具）	07:02
√	7	装上歌舞团公变 0.4kV A 相 RT0 保险（600A 新）	07:03
√	8	在歌舞团公变 0.4kV A 相 RT0 保险两端验电确认更换完毕	
√	9	合上歌舞团公变 0.4kV D02 开关	07:04
√	10	检查歌舞团公变 0.4kV D02 线路负荷运行正常	
√	11	合上歌舞团公变 0.4kV D01 开关	07:05

续表

执行 （√）	序 号	操　作　项　目	操作 时间
√	12	检查歌舞团公变 0.4kV D01 线路负荷运行止常	07:06
		已 执 行	

备注：	此票以（　县　）调（　/　）字第（　口头　）指令票为依据。

　　操作人：叶××　　　　　监护人：贾××　　　　　运维负责人：

样例 15：配电线路倒闸操作票样例 "公变台区停电检修"

配电线路倒闸操作票

操作单位：×× 供电所运维班　　　编号：2020030001　　第　页，共　页

发令人：朱 × ×	受令人：贾 × ×	发令时间：2020 年 03 月 01 日 09 时 00 分	
操作开始时间：2020 年 03 月 01 日 09 时 01 分		操作结束时间：2020 年 03 月 01 日 09 时 18 分	
操作类型	（ √ ）监护操作　　（　　）单人操作　　（　　）检修人员操作		

操作任务：10kV 千弓线桃 75 线路庞岗分支 28# 杆 T 庞岗 3# 160kVA 台区配变增容，停电检修

执行 (√)	序号	操 作 项 目	操作时间
√	1	断开庞岗 3# 台区 0.4kV D01 开关	09:01
√	2	检查庞岗 3# 台区 0.4kV D01 开关 "分 / 合" 指示确在 "分位"	
√	3	断开庞岗 3# 台区 0.4kV D02 开关	09:02
√	4	检查庞岗 3# 台区 0.4kV D02 开关 "分 / 合" 指示确在 "分位"	
√	5	断开庞岗 3# 台区 0.4kV D00 开关	09:03
√	6	检查庞岗 3# 台区 0.4kV D00 开关 "分 / 合" 指示确在 "分位"	
√	7	拉开 10kV 庞岗 3# 台区中相跌落保险	09:05
√	8	拉开 10kV 庞岗 3# 台区下风相跌落保险	
√	9	拉开 10kV 庞岗 3# 台区上风相跌落保险	09:06
√	10	低压侧验电确认 10kV 庞岗 3# 台区三相跌落保险确已拉开	

续表

执行 （√）	序 号	操 作 项 目	操作 时间
√	11	在 10kV 庞岗 3# 配变高、低压桩头验明确无电压	09:09
√	12	在庞岗 3# 公变 0.4kV D01 线路 #01 杆大号侧验电接地 （0.4kV#01）	09:10
√	13	在庞岗 3# 公变 0.4kV D02 线路 #01 杆大号侧验电接地 （0.4kV#02）	09:12
√	14	在庞岗 3# 公变高压跌落保险与高压桩头之间验电接地环 处验电接地（10kV#01）	09:18
		已 执 行	

备注：此票以（ 县 ）调（ / ）字第（ 口头 ）指令票为依据。

操作人：叶××　　　监护人：贾××　　　运维负责人：

样例 16：配电线路倒闸操作票样例"公变台区送电操作"

配电线路倒闸操作票

操作单位：××供电所运维班　　　编号：2020030002　　第　　页，共　　页

发令人：朱××	受令人：贾××	发令时间：2020 年 03 月 01 日 11 时 32 分
操作开始时间：2020 年 03 月 01 日 11 时 35 分	操作结束时间：2020 年 03 月 01 日 11 时 50 分	
操作类型	（ √ ）监护操作　　（　）单人操作　　（　）检修人员操作	

操作任务：10kV 千弓线桃 75 线路庞岗分支 28# 杆 T 庞岗 3# 315kVA 台区配变更换完毕，试送电

执行 （√）	序号	操 作 项 目	操作时间
√	1	拆除庞岗 3# 公变高压跌落保险与高压桩头之间验电接地环处接地线（10kV#01）	11:35
√	2	拆除庞岗 3# 公变 0.4kV D01 线路 #01 杆大号侧接地线（0.4kV#01）	11:39
√	3	拆除庞岗 3# 公变 0.4kV D02 线路 #01 杆大号侧接地线（0.4kV#02）	11:40
√	4	检查庞岗 3# 台区 0.4kV D00、D01、D02 开关"分 / 合"指示确在"分位"	11:41
√	5	推上 10kV 庞岗 3# 台区上风相跌落保险	11:45
√	6	推上 10kV 庞岗 3# 台区下风相跌落保险	
√	7	推上 10kV 庞岗 3# 台区中相跌落保险	11:46
√	8	检查庞岗 3# 公变 0.4kV D00 开关电源侧三相电压正常	
√	9	合上庞岗 3# 台区 0.4kV D00 开关	11:47

续表

执行 （√）	序 号	操　作　项　目	操作 时间
√	10	检查庞岗 3# 台区 0.4kV D00 开关"分/合"指示确在"合位"	
√	11	合上庞岗 3# 台区 0.4kV D01 开关	11:48
√	12	检查庞岗 3# 台区 0.4kV D01 线路负荷运行正常	
√	13	合上庞岗 3# 台区 0.4kV D02 开关	11:49
√	14	检查庞岗 3# 台区 0.4kV D02 线路负荷运行正常	11:50
	已执行		
备注：此票以（　县　）调（　/　）字第（　口头　）指令票为依据。			

操作人：叶××　　　　监护人：贾××　　　　运维负责人：

样例 17：配电作业派工单样例"发电车保电"

已终结

国网 ×× 供电公司（李楼供电所）

配电作业派工单（李）字第 2020030001 号

1. 派工人：__张 ××__　　　班组：__运维班__

2. 工作负责人：__祝 ××__　　工作班成员：__郑 ××、陈 ××、__
__张 ××；吕 ××（发电车）__　　　　　　　　　共 __5__ 人

3. 工作地点及工作任务：__×× 剧院"两会"保电，保电线路：__
__10kV 庞明一回（庞 61– 明 60）__

4. 计划工作时间：自 __2020__ 年__03__月__28__日__09__时__00__分至 __2020__ 年__03__
月__28__日__18__时__00__分

5. 安全注意事项：**（1）保电现场应布置的安全措施**：①在发电车
及线缆通道周围设置一副围(遮)栏，在围(遮)栏四周面向外悬挂
"止步，高压危险！"警示牌，在围栏入口悬挂"从此进出！"标
识牌；②若线缆通道上有车辆出入，应在线缆通道的车辆出入处铺
设硬质橡胶线缆垫板。

（2）防交通事故：①保电工作应遵守交通规则，文明驾驶防止交
通事故；②发电车进行停、靠时，应安排人员在发电车尾部两侧协
助指挥，指挥时口令和手势应统一准确。协助人员应注意站位和观
察，防止意外；③发电车停放或行驶时，其车轮、支腿的前端或外
侧与沟、坑边缘的距离不得小于沟、坑深度的 1.2 倍。在发电车所
有的承重支腿支撑牢靠后，方可开始敷设线缆。

（3）防触电：①发电车发电操作面板钥匙应始终由工作负责人保
管，保电人员严禁操作用户设备，"保电转接开关"的线缆接入、拆
除及操作工作应由用户完成；②线缆接入"保电转接开关"前，工作
负责人应检查确认线缆外观完好，绝缘无破损。若发现绝缘破损，应

采取绝缘包裹后方可接入，绝缘包裹厚度不应小于3mm；③线缆接入工作完成后，工作负责人应与用户保电联系人共同确认"保电转接开关"确已断开，未得工作负责人通知不得合上；④发电前应通知无关人员离开发电车及相关电气设备。

（4）防电气、机械事故：①需进行发电时，应在发电操作面板上依次推上启动电源空开、保护回路空开和控制回路空开，检查各类指示均无异常后，方可启动；②在检查确认发电机转速表、电压表、电压频率稳定正常后，方可合上"发电车电源输出开关"，并通知用户保电联系人进行下步操作；③发电过程中，发电车驾驶室内应始终有人值守，时刻观察发电机输出电流负荷、水温油温运行情况，发现异常立即停机处理；④发电机停机时，应先断开负荷，再断开"发电车电源输出开关"，然后将发电机停机。最后待发电机完全停机后，再依次断开控制回路空开、保护回路空开和启动电源空开。

（5）应急措施：①汛期、暑天、雪天等恶劣天气保电应配备必要的防护、防滑、防寒保暖用具、自救器具和必备的急救药品；②夜间保电应携带足够的照明用具和警示灯具。

6. 派工人：　张××　　派工时间　2020　年　03　月　28　日　08　时　00　分

7. 工作班成员确认工作负责人布置的工作任务及安全注意事项并签名：
　祝××　　郑××　　陈××　　张××　　吕××

8. 工作任务完成情况：
　根据工作实际填写，如：某时某分线路停电，某时某分使用发电车恢复供电。某时某分会议结束，某时某分发电机停机，停止供电。本次保电共计发电 × 千瓦时。

9. 工作结束汇报时间：<u>2020</u> 年 <u>03</u> 月 <u>28</u> 日 <u>18</u> 时 <u>00</u> 分

汇报方式：<u>电话</u>　　工作负责人：<u>祝 ××</u>　　派工人：<u>张 ××</u>

10. 备注：发电车只作为会议、照明、消防等"应急设备"的保电电源，发电机所带负荷不超过发电机"额定负载"的 60%。

已审核	合　格
审核人：	

样例 18：配电作业派工单样例"周期巡视（保电特巡）"

国网 ×× 供电公司（李楼供电所）

配电作业派工单（李）字第 2020030001 号

（已终结）

1. 派工人： 张 ××　　　　班组： 运维班

2. 工作负责人： 祝 ××　　　 工作班成员： 郑 ××、吕 ××
（司机）　 共 3 人

3. 工作地点及工作任务： 10kV 回龙线泥 67 线路泥 67 至 Z2 段，
周期巡视

4. 计划工作时间：自 2018 年 01 月 08 日 08 时 30 分至 2018 年 01
月 08 日 17 时 00 分

5. 安全注意事项： **（1）防交通事故**：巡视工作应遵守交通规则，
文明驾驶防止交通意外发生。

　（2）防触电、防高坠：①巡视人员应严格执行"两穿一戴"。大
风天气巡线，应沿线路上风侧前进，以免触及断落的导线；②巡视
中发现高压配电线路、设备接地或高压导线、电缆断落地面、悬挂
空中时，室内人员应距离故障点 4m 以外，室外人员应距离故障点
8m 以外，并迅速报告调度控制中心和上级，等候处理，处理前应
防止人员接近接地或断线地点，以免跨步电压伤人，进入上述范围
人员应穿绝缘靴，接触设备的金属外壳时，应戴绝缘手套；③巡视
工作中，未经许可严禁操作电气设备，接触金属配电箱（柜）前，
应先用低压验电器验明箱体确无电压后方可接触，若发现箱体带
电，应立即断开上一级电源查明原因，并及时向当班运维负责人汇
报；④进、出配电设备室、厢式变电站应随手关门，并与高压带电
设备保持 1m 以上的安全距离，巡视完毕应将室（厢）门上锁；⑤单
人巡视禁止攀登杆塔、台架，如需登高查看时，应有专人监护，登

高人员应正确使用登高防护用具，并与 10kV 线路设备保持 1m 以上的安全距离。

（3）防动物咬伤：①进入乡村和居民区时，应携带木棍等防身器具，注意防范犬类袭击；②进入山区、树林、草丛时，应注意马蜂、毒蛇袭击；③被咬伤后，应迅速从伤口上端向下方反复挤出毒液，然后在伤口上方（近心端）用布带扎紧，将伤肢固定，避免活动，以减少毒液的吸收；④毒蛇咬伤后，不要惊慌、奔跑、饮酒，以免加速蛇毒在人体内扩散；⑤犬咬伤后应立即用浓肥皂水冲洗伤口 15min，同时用挤压法自上而下将残留伤口内唾液挤出，然后再用碘酒涂搽伤口。

（4）应急措施：①汛期、暑天、雪天等恶劣天气和山区巡线应配备必要的防护、防滑、防寒保暖用具、自救器具及必备的急救药品；②夜间巡视应携带足够的照明用具。

6. 派工人：___张××___　派工时间 _2018_ 年 _01_ 月 _08_ 日 _08_ 时 _20_ 分

7. 工作班成员确认工作负责人布置的工作任务及安全注意事项并签名：
　祝××　　郑××　　吕××

8. 工作任务完成情况：
　　当天线路巡视发现一般缺陷：① #012~#017 杆段有树障；②凤凰二组分支 #001~#007 杆段有树障；已做缺陷记录

9. 工作结束汇报时间：_2018_ 年 _01_ 月 _08_ 日 _17_ 时 _00_ 分

汇报方式：___电话___　工作负责人：___祝××___　派工人：___张××___

10. 备注：_____

已审核 合 格

审核人：

样例 19：配电作业派工单样例 "报修工单故障勘查"

国网 × × 供电公司（李楼供电所）

配电作业派工单（李）字第 2020030001 号

1. 派工人：　张 × ×　　　班组：　运维班

2. 工作负责人：　祝 × ×　工作班成员：　郑 × ×、吕 × ×（司机）

共　3　人

3. 工作地点及工作任务：　95598 工单：前进路烟厂小区 3 栋 1 单元

用户无电，故障勘察

　　新增任务：15:55 接用户报修，中原路长途汽车站附近变压器冒

火，故障勘察

　　新增任务：16:39 接到 95598 工单，拉美步行街一片用户反映电

压低，故障勘察

4. 计划工作时间：自　2018　年 08 月 01 日 15 时 30 分至 2018 年 08

月 01 日 17 时 00 分

5. 安全注意事项：**（1）防触电：**①工作班成员应严格执行 "两穿

一戴"，接触金属配电箱和表箱前，应先用低压验电器验明箱体确

无电压后方可接触；②若发现箱体带电或电气失火，应立即断开上

一级电源查明原因，并及时向当班运维负责人汇报；③进、出配电

设备室、厢式变电站应随手关门，并与高压带电设备保持 1m 以上

的安全距离，巡视完毕应将室（厢）门上锁；④断、合低压断路器

开关应使用绝缘棒或戴绝缘手套，防止开关短路电弧伤人，操作户

表空开应戴手套；⑤进行低压测量前，应检查确认仪表、接线的绝

缘外观无破损，并戴手套，测量时，应防止相间短路和单相接地，

并有专人监护；⑥巡视中发现高压配电线路、设备接地或高压导

线、电缆断落地面、悬挂空中时，室内人员应距离故障点 4m 以外，

室外人员应距离故障点 8m 以外，并迅速报告调度控制中心和上级，等候处理，处理前应防止人员接近接地或断线地点，以免跨步电压伤人，进入上述范围人员应穿绝缘靴，接触设备的金属外壳时，应戴绝缘手套。

（2）防物体打击、防高坠：①打开配电箱门前，应检查箱门完好，防止砸伤；②登梯检查故障时，离地 1.5m 应使用安全带，并有专人扶持监护；③登杆检查时，应正确使用登高防护用具。

（3）防交通事故：司机和工作班人员应遵循交通规则，依照信号灯通行、停止，防止交通意外。

（4）防作业伤害：①确定故障后，应立即向当班运维负责人汇报故障情况和原因及抢修方案，在填好抢修单（或工作票）、做好现场安全措施，并得到工作许可人的许可后，方可进行故障修复工作；②低压开关跳闸，应在排查低压线路确无故障后方可恢复送电，并在"口头操作指令记录簿"上做好操作记录。

（5）应急措施：①汛期、暑天、雪天等恶劣天气和山区巡检应配备必要的防护、防滑、防寒保暖用具、自救器具及必备的急救药品；②夜间故障勘察应携带足够的照明用具。

6. 派工人：　张××　　　派工时间 2018 年 08 月 01 日 15 时 20 分

7. 工作班成员确认工作负责人布置的工作任务及安全注意事项并签名：

　祝××　　　郑××　　　吕××

8. 工作任务完成情况：

　16：02 汇报：烟厂生活 500kVA 箱变 0.4kV 3F2-Z1 终端箱内开关过负荷跳闸，开关已送电。

　16：35 汇报：汽车站 315kVA 公变 A 相高压带电线夹烧坏，需使用抢修单停电更换。

17：52 汇报：拉美步行街 #2 箱变 0.4kV 2F2 分电箱进线电缆鼻子氧化，需使用抢修单停电处理。

9. 工作结束汇报时间：<u>2018</u> 年 <u>08</u> 月 <u>01</u> 日 <u>17</u> 时 <u>55</u> 分

汇报方式：<u>　电话　</u>　工作负责人：<u>　祝 ××　</u>　派工人：<u>　张 ××　</u>

10. 备注：<u>　到达现场后，应与用户和居民多进行沟通，做好解释工</u>作，避免投诉。

已审核 合 格
审核人：

样例20：配电作业派工单样例"低压负荷测量"

国网××供电公司（李楼供电所）

配电作业派工单（李）字第 2020030001 号

1. 派工人：__张××__ 班组：__运维班__

2. 工作负责人：__祝××__ 工作班成员：__郑××、吕××__
（司机）   共 __3__ 人

3. 工作地点及工作任务：__郑明四回（郑 61-明 60）线路公变台__
区 0.4kV 低压负荷及电压测量

4. 计划工作时间：自 __2018__ 年 __08__ 月 __01__ 日 __15__ 时 __30__ 分至 __2018__ 年 __08__ 月
__01__ 日 __17__ 时 __00__ 分

5. 安全注意事项：**（1）防触电：**①工作班成员应严格执行"两穿
一戴"。接触金属配电箱和表箱前，应先用低压验电器验明箱体确
无电压后方可接触；②若发现箱体带电或电气失火，应立即断开上
一级电源查明原因，并及时向当班运维负责人汇报；③进、出配电
室、厢式变电站应随手关门，并与高压带电设备保持 1m 以上的安
全距离。巡视完毕应将室（厢）门上锁；④进行低压测量前，应检
查确认仪表、接线的绝缘外观无破损，并戴手套保持对地绝缘（或
戴绝缘手套）；⑤测量时，测量人员应与低压带电设备保持有效的
安全距离，并设专人监护，防止相间短路和单相接地；

（2）防物体打击、防高坠：①打开配电箱门前，应检查箱门及
门鼻完好，防止砸伤；②需登梯测量时，离地 1.5m 应使用安全带，
并有专人扶持监护；

（3）防交通事故：司机和工作班人员应遵循交通规则，依照信号
灯通行、停止，防止交通意外；

（4）应急措施：①汛期、暑天、雪天等恶劣天气和山区测量应配

备必要的防护、防滑、防寒保暖用具、自救器具及必备的急救药品；②夜间测量应携带足够的照明用具。

6. 派工人：__张××__　　派工时间：__2018__ 年 __08__ 月 __01__ 日 __15__ 时 __20__ 分

7. 工作班成员确认工作负责人布置的工作任务及安全注意事项并签名：

__祝××　　郑××　　吕××__

8. 工作任务完成情况：

__郑明四回所有公变台区的低压测量工作已完成，并已做好巡视记录__

9. 工作结束汇报时间：__2018__ 年 __08__ 月 __01__ 日 __17__ 时 __55__ 分

汇报方式：__电话__　　工作负责人：__祝××__　　派工人：__张××__

10. 备注：_____

已审核｜合　格
审核人：

样例 21：配电作业派工单样例"工程验收"

已终结

国网 ×× 供电公司（李楼供电所）
配电作业派工单（李）字第 2020030001 号

1. 派工人：　张 ××　　　班组：　运维班

2. 工作负责人：　祝 ××　　工作班成员：　郑 ××、吕 ××（司机）　共　3　人

3. 工作地点及工作任务：　水岸新城验新建 10kV 配电站房及低压配电设备工程验收

4. 计划工作时间：自 2018 年 08 月 01 日 15 时 30 分至 2018 年 08 月 01 日 17 时 00 分

5. 安全注意事项：**（1）防触电：**①到达验收现场后，应首先核实验收工程的一次设备是否已经搭火，工程设备是否有电容和二次电源设备（直流系统），并检查确认一、二次设备的带电情况。若验收设备未经审批擅自搭火，应勒令用户或施工方解除搭火电源设备；

（2）防物体打击、防高坠、防挤碰划伤：①验收人员应严格执行"两穿一戴"。打开配电箱（柜）门前，应检查箱（柜）及门鼻完好，防止砸伤；②若验收人员需进入箱（柜）内进行验收查看时，应戴安全帽和戴手套，箱柜门应有专人扶持；③验收工作，若需攀登线路杆塔、台架进行验收查看时，应设专人监护，人员应正确使用全防护安全带，安全带和保护绳应别系挂在不同牢固的构件上，并不得低挂高用；④进行电缆井、沟、盖板验收时，应注意站位，不得站在松动的盖板、井（沟）边缘，防止跌落；⑤验收站房、箱柜、孔洞等建筑工程时，应先确认基础牢固，并在验收中注意防范墙体、基础垮塌。

（3）防动物咬伤：①验收工作处于乡村和居民区时，应注意防范

犬类袭击；②验收处于山区、树林、草丛时，应注意防范马蜂、毒蛇侵袭；

6. 派工人：<u>张××</u> 派工时间 <u>2018</u> 年 <u>08</u> 月 <u>01</u> 日 <u>15</u> 时 <u>20</u> 分

7. 工作班成员确认工作负责人布置的工作任务及安全注意事项并签名：

<u>祝×× 郑×× 吕××</u>

8. 工作任务完成情况：

<u>水岸新城验新建 10kV 配电站房及低压配电设备工程验收工作已完成，已做好验收记录。</u>

9. 汇报方式：<u>电话</u> 工作负责人：<u>祝××</u> 派工人：<u>张××</u>

10. 备注：<u>验收工作应严格按照《国网襄阳供电公司供电配套工程验收卡》（配电站房及设备部分）进行验收、记录。</u>

已审核 | 合 格
审核人：

安全你我他

ISBN 978-7-5198-3745-7

中国电力出版社官方微信　　中国电力百科网网址

9 787519 837457 >

定价: 30.00 元